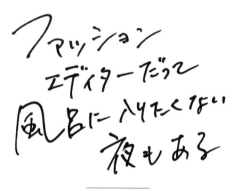

The Fashion Editor's Diary

著：龍淵絵美

Emi Tatsubuchi
@amy_tatsubuchi
Fashion Editor

はじめに

私は編集者です。

世の中的にはマイナーだけれど、おしゃれなモード編集者です。

紙よりデジタルな令和において、モード誌に関わる団塊ジュニア世代は、大概がクリエイティブな裏方気質で SNS 下手が多いのです。かくいう私も、Facebook、Instagram(IG)、Twitter（現 X）、いずれも始めるのが遅く、ストーリーズは気楽にやれても、後手後手に回りがち。でも、2023 年にスタートした Threads は真面目にやってみようかな、とふと思いたちます。IG はみせたい自分、みせなければならない自分をみせる場所で、それが真実とも限らないというのは周知の事実。ならば、表面的なキラキラよりも、本当にプレシャスな経験、考えや思い、そして女性の生き方をきちんとシェアするには、文章主体のほうがよいのでは？ 人生で価値あるものは、意外と不恰好でお見苦しく、IG に載せるにはお目汚しであり忍びないのです。とりあえずは、娘たちに「母の生きてきた道」を遺しておこう！と書き始めました。Threads の 500 ワードという文字数は、雑誌でいうと情報の羅列で終わるキャプションではなく、

いいたいことがいえる本文相当、ちょうどよいではないですか！
そのうち、「悩める後進や次世代の女の子たちにも、メッセージになるのでは？」と考え、やってよかったこと、失敗、後悔、なるべく正直に書こうと、少し広いターゲットを意識し始めました。そうこうしていると、2024年は『エル・ジャポン』(以下、『エル』)創刊35周年と聞き、懸命に戦ってきたモードな女侍（女性編集者）たちの記録を、記憶あるうちに後世に伝えねば！と勝手な使命感もムクムク😂 50歳を機に人生を振り返ると、後半何をすべきか浮き彫りになるのでは？と、自分自身がThreads日記にヒントを求め始めるようになっていきます。

そうして確かに…振り返りから始まった執筆は、まさかの取材へと発展。自分語りで終わらず取材してしまうのは、編集者の性（さが）といえましょう。2023年末からは猛烈スイッチが入り、私の奥底に眠っていたプロ意識と、女侍魂はすっかり叩き起こされてしまったのです。

SNSから生まれた一冊は、書籍のために加筆、ここだけのエピソードも入れ、女性へのエールを込めて仕上げました。しがなきいちモード編集者の自分史ではなく、雑誌、ファッションに関わった同時代の女性群像劇として上梓いたします。

女性とファッションへ、愛を込めて♡

Contents
[目次]

Chapter 2
[第2章]
出産・キャリアのお悩み期
2009〜2013

なんとか結婚、出産するも、思ったより
大変な育児とモード編集者業の両立に
四苦八苦。フリーになったり、『エル・ジャポン』
編集部と契約したりと、出たり入ったり
悩ましい時期。

73

7

99

Chapter 1
[第1章]
『プラダを着た悪魔』
(のアシスタント)期
1995〜2009

猛烈会社員時代。小さな出版社に
新卒採用の後、『フィガロジャポン』
編集部に転職。煙草の煙にまみれ、
ハイブランドを着て深夜残業の日々。

Chapter 3
[第3章]
キャリアしゃがみ期
2014〜2016

やっぱりフリーランスエディターとなり、
育児に支障をきたさない範囲で
働くこととする。この間に子供たちの学校を
移し、来るべき日に備え体制を整える。

Chapter 4

[第4章]

再び立ち上がる
2016 ～ 2019

2016年『エル・ジャポン』ファッション
マーケティング ディレクターとして再契約。
子育てのため抑えていた仕事を徐々に
増やし始める。

Chapter 6

[第6章]

モードな女たち列伝

自分語りに飽きたらず、平成、令和を
駆け抜けたファッション業界の
レジェンドたちの話を聞きにウロウロ。
女の生き方伝道師として新たな歩み始まる。

117

143

215

269

Chapter 5

[第5章]

コロナと更年期、
再生までの道のり
2020 ～ 2024

2020年から始まったコロナ禍、
2022年実父の死、そこに更年期も相まって、
人生最大気持ちの落ち込み期。
毎晩ミサのようにキャンドルを焚きまくる。

[番外編]

270
次世代のモード編集者と語らう！
私たちの仕事と幸せって？

278
対談を終えて…
後輩女性へ10のメッセージ

おれはたゞ行ふべきことを

　　　　行はうと大決心をして、

自分で自分を殺すやうな事さへなければ、

　　　　それでよいと確信して居たのサ。

　　　　　　　　——勝海舟

Chapter 1

[第1章]
『プラダを着た悪魔』
（のアシスタント）期

1995-2009

The Devotion.

[モード編集者への道]

amy_tatsubuchi 2023/11/19

1995年、初めて就職したのは小さな小さな出版社だった。当時の同期から久々にランチ集合の声がかかったので、思い出す懐かしい日々…。いまでは信じられないくらいクリエイティブな環境にはあったと思うが、会社としては何しろお金が回っていなかった。新人教育で初指導いただいた電話応対は、「借金取りから電話があったら、私は入社したばかりでわかりませんといいなさい」。エレベーターが5階までしか止まらない自社ビルは、6階に繋がる裏階段があり、その奥にある隠し部屋が経理部。「あの部屋のことは、くれぐれも内密に」という不思議なご指示にも、神妙にうなずいた20代の頃の私。いまでは珍しくないが髪の毛がピンクやグリーンの同期とパープルの社用車に乗ると、オウム真理教の検問[1]に引っかかって、目的地までなかなか辿りつけなかった。やることなすことうまくいかず「この就職は失敗、私は道を外した」と激しく落ち込み泣いたが、そこから転職に向けて、コツコツいろんなひとに会っていった。何事も迷ったり悩みの時期は、ひとりで抱えず、ネット検索で知った気にならず、ひとに会って教えを乞うのがいい。直接的なヘルプでなくとも、たくさんの経験とインスピレーションは迷い期の財産。

1. オウム真理教の検問…1995年3月20日に宗教団体、オウム真理教が起こした地下鉄同時多発テロ(地下鉄サリン事件)。実行犯を追って、その後都内各地で検問が実施された。

[エディター人生を振り返り]

amy_tatsubuchi 2023/12/2

約4年に1回、自分は変わりたくて、変わっているかも。☆1997年　転職の話もあるなか、一度新卒会社員から自由になりたかった😆　一瞬フリー。その後、中堅出版社に再就職。☆2000年の記憶がいまいちだけれど、新年はNY、仕事も恋愛もうまくいかなくてかなり暗い気持ち。☆2004年　女関ケ原開戦。鬼の猛烈上司が編集部復活[2]で、明け方までコーディネートチェックな日々。切り抜き1カットのサンプルも、現物をみせないと納得してくれなかった。雑誌もまだ元気、サンプルの取り合い、バイク便合戦。40～50ページをひとりで作っていた時期。仕事して寝る、週末はセルフメンテに追われ、何のために生きているのか？疑問いっぱいに。☆2007年　権之助坂の変。鬼の編集長に逆らう。このままついて行っても自分的には発展なし、人生の舵を切ろうと決意。☆2008年　結婚。☆2009年　退職・出産。フリー。☆2011年　再就職。☆2012年　第二子出産。再びフリー。☆2013年　アメリカ系某雑誌創刊[3]。☆2016年　フリー仕事から各社契約へ。☆2020年　コロナ禍休戦。☆2024年　きっと変化😗

2. 鬼の猛烈上司が編集部復活…2003年『ヴォーグ・ニッポン』のファッションディレクターから、『フィガロジャポン』編集長となった塚本香さん。
3. アメリカ系雑誌創刊…1867年NYにて創刊した世界最古のファッション雑誌、『ハーパーズ バザー』の日本版。

[転職。女ピラミッドの末端からのスタート]

amy_tatsubuchi 2023/12/3

1998年、2番目の会社となる中堅出版社で学んだ最初のことは、「女ピラミッド社会の序列」。『フィガロジャポン』(以下、『フィガロ』)総編集長には、『Olive』を作ったという伝説の男性、その下に女性編集長、編集長代理、副編集長が4人、彼女たちを頭に班ごとに席が配置されている。当然私は縦列の末席からスタート。サラリーマン女性にしては高給だったのか、ハイブランドもまだお手頃値段だったのか、プレスセールがたくさんあったのか？ プラダや、マーク ジェイコブス、ミュウミュウを着て、タバコを席で吸いまくり、夕方になるのを待たずお酒を飲んで、勝手に音楽かけまくりながら仕事をする先輩たち。打ち合わせやコーディネートチェック[4]にお寿司を注文、社員の夜食代がでていたからずいぶん出版界も景気よかったんだな。ひとつ前の小さな小さな出版社では、自分で学べの放置スタイルだったので、編集のイロハはこの女ピラミッドで学んだといえる。25歳の私からみたらすごく大人に見えた当時の副編集長は、40歳。「この人に相談すればすべてが解決！ スーパーウーマン！」くらいに思っていたが、いま思えば酷な話。とにかく与えられた場所で、自分の立ち位置確立につとめた。

4. コーディネートチェック…撮影前に洋服のスタイリングを組み構成にはめていく作業。スタイリストと担当編集者の提案を、デスクもしくはファッションディレクターがチェック。

[カリスマ総編集長]

amy_tatsubuchi 2023/12/3

2つ目の会社にいらしたカリスマ総編集長は、アルバイトの石川くんをのぞいて唯一の男性だった。モード誌としてはいまいちの『フィガロ』を軌道にのせ、『Pen』を成功させたカリスマさんは、末端編集者の私からは遠い存在。編集長や副編集長のお姉さま方が、「○○○さんはどう思われるかしら？」と常に気にするので、不思議に思っていたくらい。でもある時期カリスマさんのテコ入れキャンペーンが入り、忘れられない思い出が。写真セレクトがめちゃ早い、いいところはすごく褒めてくれて、ダメ出しは手短。最後にひとこと、「おもしろいことやれよ」とニタッと笑う。「私までこのじいさんの虜になってはまずい」ととつさに目を逸らした。レ入れ[5]したなかから彼が表紙に選んだのは、当時として珍しいブラックの女性。すごくうれしかったな。年配者としてあるべき姿は、若者にチャンスを与え、おもしろがって、責任はとる。「この人に認められたい」と頑張る諸先輩の気持ちもわかる気がした。が、言い方を変えれば、生真面目な女性たちを焚きつけるのが上手だったともいえる😅 ひとの上に立ってみんなを引っ張るには、ノセ上手じゃないとダメなんだな、と心に刻む。

5. レ入れ…編集担当者がデザイナーおよび編集長へプレゼンする、レイアウト入れ略称。写真、画像、イラストなどを揃え、素材の配置と文字要素をラフにて指定、説明する作業。

[25歳、NYファッション撮影]

amy_tatsubuchi 2023/12/4

『フィガロ』で自分の立ち位置を考えた時に、やっぱり旅特集担当ではなく、海外モード撮影！と張り切る25歳の私。コレクション写真やおしゃれスナップを分析、カテゴライズし、そこに自分の考えをテンポよく言語化して載せていくのは得意だった。でも旅の情緒的な文章はいまいち？ データ整理も私…どうでしょうか？という気持ちで、入社1年目から企画やアイデア（主にキャスティングやストーリーの内容とTU(タイアップ)営業）をアピールして、NYファッション撮影が春夏、秋冬の年2回始まる。一度の渡米でタイアップ含め6-7本くらい撮影していただろうか？ ミニマム40ページで出張OK、1000万以上の予算をやりくりして、海外フォトグラファーとページを作るのは、発見やカルチャーショックがあり、刺激的だった。下っ端の私に、大きな仕事を振ってくれた当時の副編集長には、「自分を認めてくれた」と妙な忠誠心を誓って働いた。エディターがスタイリングまでやる海外の雑誌とは違って、日本の雑誌のエディターは、ディレクター兼ライター。自分と感覚が合うパートナーとしてのスタイリストが必要だった。キャリア初期に一緒に走ってくれたのは白山くん[6] 🖤

6. 白山くん…スタイリストの白山春久さん。メンズ、レディース問わず、雑誌、広告で活躍。

［相棒・白山くん］

amy_tatsubuchi 2023/12/5
仕事にはその時々で大切な buddy とよぶべき相手がいるものだが、1998〜2004 年（2005 年くらいまでだったかも）、私の相棒はスタイリストの白山くんだった。スタイリングを組むのに、全コーディネート、アシスタントに着せてバランスをみて、ポラで検証するものだから時間がかかる。しかもいちいち「なぜいいか」「どうしていまいちなのか」彼の評論つき😁 メンズだからこそ、のお洋服やモノに対する知識、バランス感覚、カジュアルな抜け感が絶妙で、全身ハイブランドでなく、古着やストリートブランドをミックスするのが上手だった。一緒に仕事をしながらも、私はこの間、白山学校に通っていたようなもの。海外出張にはトランク 8 個を 2 人で運び、撮影後にカルネ[7]をつけてパッキングしなければいけないのに、一緒にうっかりうたた寝して小競り合い…喧嘩もたくさんした。海外スタッフのなかに 2 人で入っていって、日本人的「かわいい女性像」と外国人が喜ぶ「セクシーな女性像」を熱く討論。そんなこんなで、2018 年に『GINZA』リニューアル号ポスターがでかでかと青山に貼られた時には、「あ、このスタイリングは白山くん！」とひと目でわかりました🖤

7. カルネ…国際条約に基づいた、免税手続きを簡素化するための通関用書類。雑誌の海外撮影の場合、大量のトランクの中身が商品ではなくサンプルであることを証明するために必要。

[日本モード誌、競争激化のなかで]

amy_tatsubuchi 2023/12/6

1999年、『ヴォーグ・ニッポン』[8] 創刊。ここから日本モード誌は競争激化。同時にクリエイティブや広告収入において最盛期に向かっていく。どんなジャンルでもそうだけれど、その道を極めたければ、世界を相手に仕事をとれる環境に身をおかねば。NYのエージェントには、世界中からそんな思いのフォトグラファーが集まっていて、クラスや将来性によって所属しているエージェントが違った。最初はよくわからず、クレジットをみて気に入ったフォトグラファーを『LE BOOK』で調べアプローチ。そのうち、彼らが撮りたいのは、1.広告 2.『ヴォーグ』『ハーパーズ バザー』、先進国の『エル』3.『i-D』などのギャラはでないがクールなカルチャー誌。4.ギャラはでるけどみたこともない雑誌、と理解。『フィガロ』はこの4番目のカテゴリーに相当する。しかもスタッフはチームで動くことが多いので、ディレクターとスタイリストだけ日本からきての撮影は、プライオリティが低い案件。『ヴォーグ』創刊以降、「日本市場は『ヴォーグ』で撮影したいから」とまだ話がなくとも、戦略という観点で仕事を断られることがあった。

8.『ヴォーグ・ニッポン』…創刊から2011年『ヴォーグ・ジャパン』名称変更までの日本版名称。

[どたばた NY ファッション撮影]

amy_tatsubuchi 2023/12/6

当時 NY で定期的にファッション撮影をしていたのは、『ヴォーグ』『SPUR』『フィガロ』の 3 誌。年 2 回の興行にでる旅芸人のような私たちは、NY をベースに LA、マイアミ、パームスプリングス、キューバまでも、8 個のトランクとともに移動した。もう時効だから告白すると、1999 年年始のキューバロケでは、イタリア人のフォトグラファーが撮影前夜に逮捕され、当日の朝現れず顔面蒼白。ちょっと謎の保釈金をお役人に払って釈放(社会主義なので安いが理不尽)、巻き巻き撮影でぐったりの私は、お財布をキューバのホテルの金庫に忘れてきた😆 またある時は、フォトグラファーの娘がクリエイティブディレクターとしてセットでついてきて、私と反対のディレクションをするものだから、悔しくて悔しくて現場でおいおい泣いた。デュラン・デュラン[9]のジョン・テイラーの妻にして、セレブフォトグラファーのアマンダにも彼女のバックグラウンドを知らずにお仕事発注、後に冷や汗。これは!と思うフォトグラファーは、スウェーデンやベルギーから NY にフライトをだして、あれやこれやとやっていた。現場の編集者として自分が輝いていたのは、きっとこの時期。

9. デュラン・デュラン…イギリスのロックバンド。1980年代前半のニューロマンティックムーブメントやMTVブームの火付け役。

[先輩編集者 松山ユキさん①]

amy_tatsubuchi 2023/12/7

2000年あたりになると、『ヴォーグ・ニッポン』へ移籍する先輩編集者が、各モード誌からちらほら。そのうちのひとりが『フィガロ』の先輩、天才、松山ユキ[10]さんだった。ディレクション能力は突き抜けていたが、お酒もタバコもデスクでガンガン、Uberなんてない時代に「餃子が食べたい！」って夜中に騒いで、遠方からおいしい餃子をバイク便で届けさせていた。おまけにとびきりおしゃれで、いつもノーブラ😊 入社して1年もたたないある日に「あんたの作るページは温度低い！」って絡まれ、かわし力(りょく)のない20代の私は号泣。それから彼女のことが苦手で避けていたように思う。レ入れで「横ちゃん[11]がさー、そんなにいろいろいうんだったら、松山さん自分で撮ったら？っていうんだよね」と、笑う彼女の横で、「お気持ちお察し申し上げます。」と人気フォトグラファーの横浪さんの顔を浮かべ心でアーメン、十字をきる。それでも、NYで、あるイタリア人カメラマンに「松山ユキを知っているか？ 彼女はYesかNoしかいわないんだけど、Noを絶対譲らない。センスが良くて才能があってとてもシャイ」といわれた時に、先輩のことをとても誇らしく思った。

10. 松山ユキ…『ヴォーグ・ニッポン』ファッション・アクセサリー・ディレクター。2012年にお亡くなりになるまで、世界トップのフォトグラファーとクリエイティビティ溢れるストーリーをつくった、日本モード界名物編集者。
11. 横ちゃん…国内外の雑誌や広告撮影他、写真家としての作品発表も続ける人気フォトグラファーの横浪修さん

[先輩編集者 松山ユキさん②]

 amy_tatsubuchi 2023/12/7
苦手だと思っていたはずの先輩、松山ユキさんについて、まさかの2投稿😱『ヴォーグ・ニッポン』のファッション・アクセサリー・ディレクターの松山さんは2012年に46歳の若さでお亡くなりになりました。最後にお会いしたのは2011年の初夏くらいに表参道で。「おぅ！ あんたどうなのよ？」的なノリでニヤニヤしてたけど、痩せてたな。ミラノコレクションでお会いしてもそっけなかったのに、その時はずいぶん優しい感じで、もっときちんと話せばよかった。「松山さんは変人だけど、本当に尊敬してます」ってどっかで伝えたかった。彼女の作りあげるものをみるたびに、ファッションディレクターとしての己の限界をいつも感じさせられました。

[20代の私の目標]

amy_tatsubuchi 2023/12/8

松山さんに続いて、『フィガロ』の副編集長だった塚本さんも『ヴォーグ・ニッポン』のファッションディレクターに就任。塚本さんは私が『フィガロ』で初めてお仕えしたデスクで、20代の私の目標だった。高身長に小さな顔、細身な身体にプラダやギャルソン[12]が素晴らしくお似合い。そんな見た目とは裏腹に、鬼の熱血指導者だったので、ページ構成や原稿は真っ赤になってかえってくる。早く認めてもらいたくて、恥ずかしながら彼女の原稿を家で声をだして何回も読みストーリーや記事に合わせたトンマナ[13]を習得。「文章がうまくなりたかったら、上手な文章を声にだして読む」これ結構有効です。塚本さんには、白山くんとの深夜のコーディネートチェック（全部アシスタント着用なので時間がかかる）もいやな顔せずお付き合いいただき、若い頃の私に挑戦やチャンスの場を与えてもらった。そんな彼女が編集部からいなくなるのは、何か後ろ盾をなくすようで心細い気持ちに…。スーパー大人にみえた彼女は、当時40歳。モード誌創成期世代だったから、責任ある立場になるのも早かった。女ピラミッド社会の塚本派は、主君を失った浪士のような気持ちだったと推察する。

12. ギャルソン…川久保玲がデザイナーのコム デ ギャルソンの略称
13. トンマナ…トーン（tone）とマナー（manner）の略で、デザインや文章、スタイルなどに一貫性を持たせるためのルール。

[私の先を行くひと 前田佳奈子ちゃん]

amy_tatsubuchi 2023/12/8

モード誌編集者を志すものは、そもそも海外志向が強い。なので国際結婚や、とりあえずジャーナリストビザで海外移住、というパターンも。1999年1月に、親友の前田佳奈子ちゃん（呼称・佳奈ちゃん）が、『エル』をやめてNYに移った時は、「あぁ、また先を越された」と思った。新卒の流行通信社[14]で同期だった彼女は、転職、海外移住、結婚、出産、私だってしたいことを、いつも先に達成してしまう。そもそも日本の地方の中学校からアメリカに留学し、ボーディング、ボストンカレッジで美術を専攻という、まるで海外の一流ファッションエディターの経歴みたいに優秀な彼女。何を間違えて、最初のファンキーで小さな出版社に辿りついたのだろう（そのおかげで知り合えたわけだけれど）？ 彼女は『エル』、私は『フィガロ』、まだまだ一緒のステージにいる気でいたが、人生の舵を切る速さがいつも追いつかない。そしてこの移住から約10年間、撮影、取材やNYファッション業界での人脈作りなど、私は彼女とタッグを組んで走り抜けた。

14. 流行通信社…1966年、『森英恵流行通信』として創刊された、伝説のファッションカルチャー誌、『流行通信』を発行の出版社。1983年市谷に安藤忠雄設計による流行通信ビル建設。2003年、株式会社INFASパブリケーションズとなった。

[企画し、ひとを集め、ものをつくる]

amy_tatsubuchi 2023/12/9
『エル』からNYへ移住した前田佳奈子ちゃんについてもう少し。「いきなり移住って仕事あるの？」と普通は心配だろうが、エディター経験があると、ジャーナリストビザを申請できる（第1次トランプ政権以降、ビザ発行が厳しくなったかもしれないが）。現地取材やコーディネートの仕事から始め、グリーンカードを取得し、彼女はいまやプロダクションの社長。韓国クライアントをメインに広告撮影をプロデュースしている。会社員として組織で光るひと、独立して輝くひと、ひとの適性はそれぞれ。雑誌業界が斜陽産業だとしても、編集者は女性が性差なく、意思決定権を持って働ける就職先であることは間違いない。ことモード誌の編集者ならば、地味な作業の一方でメゾンの最新コレクションやハイジュエリー発表会への出席、数々のパーティや国内外の俳優撮影、素敵な場所へ海外出張などの特別な体験が仕事となる。会社員としてそれを続けるか、この経験をベースに違うセルフプロデュースをするかは、どこかの時点で考えるべき。編集の3ステップ「企画し、ひとを集め、ものをつくる」ができれば、何でもできる！と信じております。

[最大の後悔]

amy_tatsubuchi 2023/12/9
佳奈ちゃん、佳奈ちゃんと3ポストにわたって連呼して申し訳ないが、この勢いにのって、私が彼女との関係において、最大に後悔していること。それは2005年の彼女の結婚式への出席とりやめ、つまり欠席。私がパリコレにいくからと、その後の10月にしてくれたのに、パリから帰宅してクタクタヨレヨレの私は、トランクの荷物を入れ替えて、NYにいく気力がもう残っていなかった。いや、NYならいけたかもしれないが、その場所はNYからさらに1時間ほど移動する田舎の農園、ファームウェディングというおしゃれなやつ。仕事とプライベートのバランスが極端に悪い、団塊世代のおじさんみたいな私は、親友のモーメントをスキップするという、人生において大きなミスジャッジを犯してしまう。後に私のカリブでの結婚式も、50歳の東京でのビッグBDパーティも、佳奈ちゃんはNYからいつも駆けつけてくれた。そのたびに自分の過去のいたらなさを悔い、償いたい気持ちが押し寄せる。大切なひとの人生の節目には、点滴してでも、這ってでも、絶対いったほうがよい。その記憶の目盛りの多さこそが、人生の豊かさなのだから。

[モードな女侍生活]

amy_tatsubuchi 2023/12/10

独身時代の私は、仕事とプライベートがアンバランス。2001年に『ブリジット・ジョーンズの日記』[15]が公開された時は、笑いながらどこかシンパシーを感じてホロリ。2003年には酒井順子先生の『負け犬の遠吠え』[16]を拝読。「30代以上・未婚・子ナシ」の女性像への鋭い斬り込みに、感動と同時に焦りをおぼえた。2006年公開の『プラダを着た悪魔』は、もうここまで下っ端ではない自分にほっと胸をなでおろし、「この感じわかるー！」と興奮。主人公が業界を去る姿に、「その選択しか幸せはないのかな？」と考え込む。2007年、日本テレビのドラマ『ホタルノヒカリ』で、綾瀬はるかが干物女を演じた時も、オフ時の自分のひどさと重なり「このままではまずい！」と、変わりたい気持ちが加速。彼ができてもうまくいかないし、休日は自分の美容メンテナンスに追われ、仕事第一のモードな女侍生活は2008年の結婚まで続く。

15.『ブリジット・ジョーンズの日記』…30代独身、キャリア女性のとほほな日常をユーモアたっぷりに描いた映画。2001年公開・主演レネー・ゼルウィガー
16.『負け犬の遠吠え』…「30代以上・未婚・子ナシ」の女性を負け犬と呼び、その生態をつまびらかにした一冊。(酒井順子著、2003年講談社)

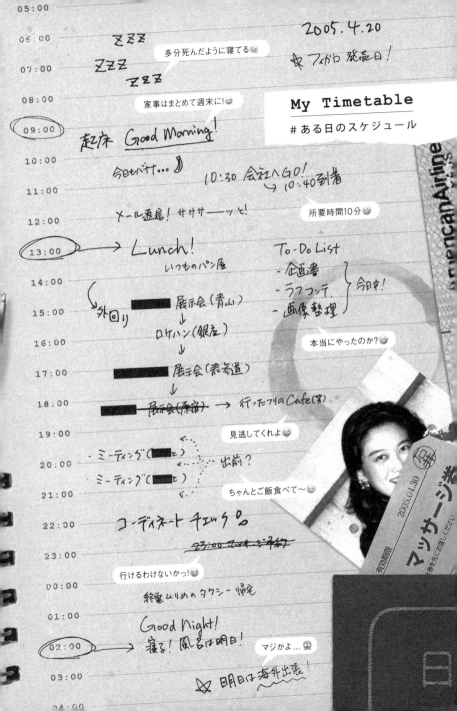

［編集作業は編み物］

amy_tatsubuchi 2023/12/10
『フィガロ』の編集の柱は、旅とモード。実際の部数的には、旅や懐かしの全マップ特集が強かった。全マップの時期になると不夜城と化す編集部。地図と付箋、現地コーディネーターが足で稼いだデータが机に山盛りで、夜中に「もう目がみえな━っ！」と悲痛な叫び声が聞こえる感じ…。というといかにも自分が最前線な風に聞こえるが、私は大してお役に立たず。しかしながら、そこは専門性よりマルチな編集者を求める編集部。教育的観点からハノイ＆ホーチミンのベトナム取材へ送られる。食と雑貨がメインの構成なので、毎日5食の試食と取材、雑貨をリースしてホテルで撮影しながらサイズを測る。まさにこんなチクチクとニットを編んでいくような作業こそ、編集者の基礎。「でも、あまり性に合ってないかも」とツラツラ考える帰路に事件は起きる。フィリピンでの乗り換えがうまくいかず、急遽マニラで一泊するはめに。空港から乗ったタクシーに鍵かけて閉じ込められ不当な金額を請求されたり、飛行機会社が用意したホテルが売春宿だったりで、ふんだりけったり😂 キューバロケの時も目にした、国をでたい女性たちが身体を張る姿はあまりに生々しく、その夜は嘔吐した。

[日本全国スパ取材]

amy_tatsubuchi 2023/12/11

ベトナム取材と前後して、日本全国スパ取材にもでかけた。毎日のように湯船やサウナに入ってマッサージを受けるものだから、手先がシワシワ、揉まれすぎゆえの体調不良を起こす😀 デジタル化が進んでいない時代は何事も編集者がカメラマンを連れて取材、体験したことを記事にする。いまならもらい画像があって、ホームページや誰かのIGをみたら、ささっと小さな記事はできそうだが当時は体当たりが基本。同じシーンを撮影する場合でも、レイアウトでバリエがきくようにと、縦位置横位置、寄り引きの変化をつけて丁寧にたくさん撮影してもらったな。長期の旅を取材系カメラマンと一緒にでかける編集者のなかには、そこから恋愛に発展して結婚なんてパターンもあったが、私に全く出会いはなし。モード誌に携わるのは、女侍（編集者）とゲイ、少数男子、モテモテで結婚の早いファッションフォトグラファーやヘアメイク。取材系のおじさんカメラマンはのんびり趣味人で、女侍とは正反対のほっこり優しい奥さまがいる。ならば合コンとかしなきゃいけないだろうに、同年代男子はお子さまにみえてうんざり、たまにデートをしても、話が退屈すぎて爆睡という目も当てられない状況だった。

[2000年初頭 代々木上原の一軒家]

amy_tatsubuchi 2023/12/11

編集者として伸び悩む2000年初頭、私を助けてくれたひとりは、おかもっちゃんこと、陵本望援(おかもとのえ)さんだったと思う。彼女と知り合ったのは、まだ私が大学生の頃。おかもっちゃんは、当時大人気のVIA BUS STOP[17]の名物店員だった。そこから彼女はデザイナーのミハラヤスヒロ[18]くんと会社をつくり、私は編集者となる。代々木上原の一軒家を友達3人とシェアしていたおかもっちゃんちは、クリエイターの恰好の溜まり場。人気モデル、女優、グラフィックデザイナーなど、あの場所にいたたくさんのクリエイターたちは、その後次々と成功の階段を登っていく。美味しいごはんと叱咤激励にどれだけ救われたことか。いまでも忘れないのは、デザイナーのミハラくんことやっちんの言葉。「たつぶっちゃん、不安があるのはいいことなのね。それってたつぶっちゃんに可能性がいっぱいあるってことだよ♡」。じーん😊 のんびりアーティな彼は、若くても胸に響く言葉の持ち主だった。

17. VIA BUS STOP…1994年から2021年まで営業。海外デザイナーズブランドを扱うセレクトショップ。90年代はこのショップで、ヘルムート ラングやジャン コロナなどを買うのがおしゃれ最前線でした。
18. ミハラヤスヒロ…日本人デザイナー三原康裕。シューズデザインからスタートし、メンズ、レディースウェアまで。PUMAとのコラボなども有名。

[雑誌への目覚め]

amy_tatsubuchi 2023/12/12
せっかく話が2000年代に入ったというのに、おかもっちゃんの話がでたので大学時代を思い出す。おしゃれ好きな私であったが、モードに傾倒していったきっかけは90年代のトム・フォードのグッチ、スーパーモデルブーム、テレビ東京の『ファッション通信』[19]だった。毎月『SPUR』の発売日はスケジュール帳にマークをいれていたし、スーパーモデルの私服スナップを必死でコピー😌 ちなみに雑誌への目覚めは母が毎月買っていた、幼少期の『ミセス』。親戚のお姉さんが集英社の『non-no』編集部に配属され、編集者という仕事を知ることになる。その後私たち世代なら10代前半は『mc Sister』か『Olive』、後半あたりから『JJ』に代表される赤文字、『ヴァンテーヌ』などコンサバ系、『SPUR』が牽引したモード系の3派に分かれる。着ることは生きること。3つのうちのどの流派を選択するかで、その女性の嗜好やライフスタイルが想像できる。雑誌発信のブームやトレンドしかなかった時代だったので、大学時代には「モード編集者になる」と私の心は決まっていた。

19. テレビ東京の『ファッション通信』…1985年にテレビ東京とその系列局で放映開始されたファッション情報番組。世界主要都市でのコレクション取材、スーパーモデルの密着取材などが人気を博した。地上波放映は2002年をもって終了し、現在ではBSテレ東で放映中。

[2003年 塚本さんカムバック]

amy_tatsubuchi 2023/12/12

二歩進んで一歩下がる、私の人生ダイアリー。再び2003年に歩みを進めたいと存じます。伸び悩みに苦しむ私の前に現れたのは、『ヴォーグ』から編集長として『フィガロ』にカムバックした塚本さんだった。3年の間に素敵なカルチャーショックを受けたであろう彼女は、もう昔の彼女ではない。もともとプラダやマーク ジェイコブスに、ギャルソン、時には白いヴィンテージのコットンスカートとバレエシューズのような、甘い大人ファッションもお得意だったが、よりモードにパワーアップ😎 ユニフォームのプラダはもちろん、ニコラ・ジェスキエールデザインのバレンシアガ[20]やアルベール・エルバス[21]のランバンを颯爽と着こなし、マノロ ブラニク[22]のピンヒールを履いて権之助坂をおりたり、あがったり（オフィスは目黒）。シャープかつゴージャスに進化し、ハイブランドから奉納される最新バッグを日替わりで持つそのお姿は、焼肉店とラーメン店がひしめく目黒通りで遠目からも美しく浮きあがっていた。そして見た目のパワーアップは、変化のほんの序章にしかすぎないことを思い知る。私が反乱を起こす2007年権之助坂の変まで、モード人生はピークに向けて走り出す。

20. ニコラ・ジェスキエールデザインのバレンシアガ…ニコラ・ジェスキエールがバレンシアガのデザイナーを務めたのは1997〜2012年。デビューは1998年春夏コレクション。当時、低迷していたバレンシアガを救った。
21. アルベール・エルバス…2001年から2015年、ランバンのクリエイティブ・ディレクターを務める。老舗を見事に復活させた伝説のデザイナー。2021年、新型コロナウイルス感染症により死去。
22. マノロ ブラニク…映画『セックス・アンド・ザ・シティ』でもお馴染み。女性憧れのラグジュアリーシューズブランド。

[伝家の宝刀を継承]

amy_tatsubuchi 2023/12/12
2003年塚本さんが編集長に就任の『フィガロ』は、雑誌のエディトリアルデザイナー変更、連載見直し、台割見直し、物撮影と表記のルール取り決めなど、次々にメスが入る。ぼんやりしていたファッションの輪郭が研ぎ澄まされていく感じがした。改めて面談をした日に、「エイミーにはこれを渡しとくから」とバサッと置かれたのは、洋書、メンズ誌、セレクトショップのカタログなど、塚本さんがいいと思った、レイアウトやデザインのおびただしい資料と海外のエージェントリスト。責任感の強い女としては、伝家の宝刀を受け継ぎ先陣の命を受けたかのようで… 😄 「頑張らなければ」と肩に力がグッと入った。もう旅取材にいってる場合ではない。復活した海外ロケ、遠隔操作のパリ撮影、国内撮影のファッションストーリーとカタログ、コレクション取材やおしゃれスナップなどなど。人員補強で入ってきた新人ちゃんを指導しながら、どんどん前に進まなきゃ。私は31歳、いつの間にか女ピラミッドの中の上あたりに差しかかっていた。

[2004年のモード誌の戦況]

amy_tatsubuchi 2023/12/13

ここで2004年時のモード誌業界の戦況をルックバック。1989年に創刊の『SPUR』、『エル』、1990年創刊の『フィガロ』。長年この3誌が三つ巴だったところに、1997年『GINZA』が参戦、そして1999年には、黒船の如く『ヴォーグ』上陸。塚本さん復活で新体制当時、2004年日本の雑誌広告費が3,970億円、2022年は1,140億円と数字からみても一目瞭然、雑誌はまだ儲かるビジネスだった（数字は電通調べ）。1996年にウェブメディアをスタートしていた『エル』、雑誌創刊からほどなくして2000年にはデジタルも走らせた『ヴォーグ』は、外資系出版社ゆえのビジネス戦略で二歩も三歩も進んでいた感じ。『フィガロ』はデジタルが始まる2008年まで紙だけに集中できた。「本好き」にはある意味幸せな時代ともいえる。

[『プラダを着た悪魔』さん]

amy_tatsubuchi 2023/12/13

『プラダを着た悪魔』の塚本さんに、Threadsを書いていることを告日した昨日😂 いまなら笑って話せる強烈エピソードも、安心してご紹介できそう。広告、販売ともに絶好調の2004年には、『フィガロ』編集部に新メンバーも続々加入。ひともページも増やせて、景気のよいムードだった。新人ちゃんが編集長にご挨拶にいけば開口いちばん、「社員証はずしなさい！（おしゃれじゃないから）」。めったにない編集部レクリエーションで靴を脱ぐ卓球場だった時は、「そんな大切なことを、なんで先にいわないの！（バランス考えて違うコーディネートにしたのに）」。コーディネートチェックには明け方まで全部立ち会って、小さな切り抜きひとつでも現物でみた。しかもやたらめったら記憶力がよろしく、「グッチのルックNo.5に差し替え」とか、「ジミー チュウのパンプスのほうがテーマに合うから、朝イチバイク便だしなさい」とか、具体的な直しが次々と入る。やってもやってもOKがでず、編集部で追加撮影ポジを両手に抱えて泣き出した子もいたな。それをみてまた周りももらい泣き、というキレキレテンションの熱量マックス。目黒川の近くを通ると、いまでもその光景が鮮やかに蘇る。

[占い／ファッションエディター 青木くん]

amy_tatsubuchi 2023/12/14

2004年入社組編集者のなかには、私がスカウトした青木くんもいた。今も昔も、私はおもしろいひとをピックアップする拾い癖がある😋 5日と20日の月2回発行だったので、同じ連載テーマを受け持ち、せっかちで入稿の早い私が「早くしなさいよ！」と迫ることしばしば。塚本さんの熱血指導の声が響く編集部で、アイコンタクトで「やれやれ」と肩をすくめ合ってみたり、熱くなりすぎて冷房をさげまくる編集長を横目に「（冷房近くの席の）いがちゃん、唇、紫じゃない？」とヒソヒソ囁き合ったりする仲。ファッション担当者として拾ったはずの青木くんは、占い分野でメキメキ台頭し、占い／ファッションエディターとして唯一無二の地位を確立。モード誌エディターとしてセルフブランディングした最初のひとだったかも。私が『フィガロ』に遺した最大の功績は青木良文さんです。

[なんたって若さは財産]

amy_tatsubuchi 2023/12/15

モード編集者たるものコレクションを目指す。頂点はなんといってもパリコレなんだけれど、若い頃の私のお気に入りは、上司のいない気ままなロンドンとNYコレクション。ロンドンには妹が住んでいたので、そちらを拠点に妹のBFを引き連れウロウロ。アパートのアドレス、ショーディッチの近くには、マックイーン[23]のアトリエがあり、クリエイターが集うカフェやパブがどんどんできている時期だった。マックイーン、フセイン チャラヤン、ジュリアン マクドナルド、マシュー ウィリアムソンなどのショーをみて、「Momoにケイト・モスがいるからいってみよー！」、「ザ・メトロポリタンのバーでナンパするジェイ・ケイをウォッチングしない？」なんて、若々しい活動が懐かしい😄 コレクションが終わったら遅い夏休みをとって、妹とヨーロッパをウロチョロ。ボーナスを使い果たし、帰国後は溜まった仕事に追われまくるんだけれど、自分のことだけにフォーカスできる独身時代は、どんどん外にでて吸収するべき。体力もあり、いろんな意味でフットワークよく動ける若さはなんたって財産。でもその渦中にいる時は、意外と無意識なのかもしれないね。

23. マックイーン…アレキサンダー・マックイーンは、1990年末から2000年代初頭、イギリスを代表するデザイナー。サヴィル・ロー仕込みのテーラリングと美しいドレスがシグニチャー。自身の名を冠したブランドは現在も世界中で展開。(1969〜2010年)

[NYコレクション、かつての輝き]

amy_tatsubuchi 2023/12/15

1990年代はカルバン・クライン、ダナ・キャラン、ヘルムート・ラング、90年から2000年をまたがってマーク・ジェイコブス、マイケル・コース、2000年代前半にはデレク・ラム[24]、タクーン[25]、フィリップ・リム[26]、アレキサンダー・ワンなどアジア系デザイナーが台頭したNYコレクション。紅白歌合戦のトリよろしく、ラルフ・ローレンはいつの時代もアメリカの魂を発信する大御所。そう、かつてNYコレクションは輝いていた。2000年代前半のアジアンデザイナーブームの時期は、撮影でもコレクションでもNY通いが続き、デザイナーともよくご飯をしたり、遊んだり。セレブのアピアランスが、いまほどメインストリームでなかったから、J.Lo（ジェニファー・ロペス）がマーク ジェイコブスのショーで目の前に現れたときは大興奮。佳奈ちゃんが遠くから「エイミーJ.Loだよ！ エイミーNYに来てよかったね！」と日本語で叫ぶ声が。後に2019年ミラノコレクションのヴェルサーチェにて、J.Loが伝説のジャングルドレスを着て目の前を闊歩。「エイミーJ.Loだよ！」、私にはどこからか佳奈ちゃんの声が聞こえました♡

24. デレ・ラム…2002年に設立、2003年にNYコレクションデビューしたデレク ラムの創業者であり、デザイナー。アメリカらしいスポーティなエッセンスが特徴的。
25. タクーン…タイに生まれ、米・ネブラスカで育ったタクーン・パニクガルは、エディター経験ののち、デザイナーに転身。自身の名前を冠したブランド、タクーンを2004年にスタート、2017年に休止。現在は『HommeGirls』編集長。
26. フィリップ・リム…2005年に「3.1 フィリップ リム」を設立。2006年にNYコレクションデビューした中国系アメリカ人デザイナー。2024年にデザイナーを引退、ビジネスパートナーであり、共同創業者のウェン・ゾウは、CEOとしてブランドに残る。

[憧れの海外ファッションエディター]

amy_tatsubuchi 2023/12/16

そういえば、30代の私の憧れは、海外のファッションエディターたちだった。お洋服だけでなく、ジュエリー使いやライフスタイルまで、すべてがぴったり高い位置でリンク。仕事と家庭を両立している人も多く、なんだか人生のノリシロたっぷり、女侍（日本人女性編集者）とは様子が違う。それって背景にあるマーケットの大きさゆえ？ はたまた文化の違いゆえ？ いやいや編集者の地位が高く、ヨーロッパでは貴族の娘も珍しくないし、NYで仲良くなったケイト・ヤングやティナ・チャイは、それぞれオックスフォードやコロンビア大学を卒業して『ヴォーグ』（ケイト）、『ハーパーズ バザー』（ティナ）に勤め独立。選ばれしエリートたちは、デザイナーやクリエイターとも政治からアートの話までできるし、学歴だけでなくセンス、教養、社交力を備え、みた目もよくって、はじめて生き残れる世界だと知る。セレーナ・ゴメスやスカーレット・ヨハンソン、ジュリアン・ムーアなど、Aリストセレブを手がけるケイトは営業力抜群。「日本の仕事をとっていきたい！」と雑誌露出に熱心で、実際、日本のトリンプから下着コレクションを発売することになる。できる女というのは、結局は実現力😊

[エディターのビジネスのスタイル]

amy_tatsubuchi 2023/12/16
ファッションエディターが、スタイリングまで手がけるのが基本の海外雑誌においては、ケイト・ヤングのようにスタイリストとして独立するパターンも多い。高級ショッピングサイト、ネッタポルテ創業者のナタリー・マスネは元『W』マガジンエディターだし、ジミー チュウ共同創業者タマラ・メロンはもともと『UK ヴォーグ』のファッションエディター。センスとネットワーク、やる気があって、「企画し、ひとを集め、ものをつくる」の編集スキルがあれば何にでもなれる！　会社員として媒体に所属し続けるひとは一部で、雑誌と契約はあっても別のマネービジネスがあるというスタイルは彼女たちから学んだ。

［おしゃれスナップの鬼と化す］

amy_tatsubuchi 2023/12/17

コレクションといえば、私はおしゃれスナップの鬼だった。撮れ高のよいパリにおいては、ランウェイ撮影用のカメラマン、エディターやモデルのスナップ撮影隊、バックステージカメラマンと3班が動いた。海外エディターのハイブランドをさらっとカジュアルにこなしてしまう私服が大好きで、ずっと追い続けているものだから一方的に知り合い気分😄 コレクション会場で、憧れエディターについつい話しかけてしまいそうになるヘンテコな自分を何度抑えたことか。フルネーム、肩書きはもちろんのこと、「あ、これは2シーズン前のデレク ラムのドレスを、新しいYSL[27]のジャケットに合わせて着回してるわ」的なマニアな視点を持ち、さらには転職、結婚などのプチ情報まで網羅。モード誌以外では全く応用がきかないこの特殊能力を使って、時間を忘れてページを作った。IGがない時代の話です。でも時間を忘れて何かに没頭するって経験はプレシャス。

27. YSL…イヴ・サン・ローランの略称、デザインロゴとして使われる。現在のブランドの正式名称はサンローラン。

©madame FIGARO japon

[パリコレの思い出① 上司のお供として]

amy_tatsubuchi 2023/12/17

『プラダを着た悪魔』みたいに、上司のお供としていくミラノやパリコレクションで何かおもしろいエピソードがあれば…。と思い返してみたが、ちょっとドラマ不足。車の手配、ショーとその合間の展示会、クライアントとの会食アレンジ、『フィガロ』で動かしている撮影隊3班の把握をしておけばそれ以上、上司は私に求めることがなかった。パリでデザイナーや本国プレスに「Kaori」と話しかけられる塚本さんは国を代表するモード誌編集長としてキラキラしていた。後にSHIGETAを創業するCHICOさんにホテルまできていただき、マッサージしてもらったりしたっけ。「ガリアーノ[28]もカトリーヌ・ドヌーブもCHICOさんがお気に入りなのよ♡」と『フィガロ』パリ支局長の村上香住子さんのおすすめだったと記憶しております。むしろここぞとばかりに海外のお友達とご飯の約束をいれてしまう私は、部下としてはいまいちだったのではないか？ 写真はフレンズディナーが楽しかったパリコレの思い出。NYからきたデザイナーのタクーンとsacaiの阿部千登勢さん。他にはイタリア人のフォトグラファーや、スタイリストのティナなど、多国籍なメンバー。付き合う前の夫もいた😄

28. ガリアーノ…ジョン・ガリアーノは、イギリス人デザイナー。自身のブランドはもちろん1996-2011年、ディオールのデザイナーとして活躍。2014年から2024年まで、メゾンマルジェラのアーティスティックディレクターを務めた。

[パリコレの思い出② 「負けたくないの」]

amy_tatsubuchi 2023/12/17
それでも思い出すパリコレのこと。午前は20分、午後は40分くらい遅れてショーはスタートとみて、合間に展示会のアポをいれる。最終日の目玉、ルイ・ヴィトンのショーのスタート時間を読み間違え、遅れそうになった時の塚本さんの足の速さよ。車を乗り捨てピンヒールで猛ダッシュ、その背中に女侍の意地をみた。彼女の口癖は、「負けたくないの」だったけれど、コレクション期間中も何度となく聞いた気が。競合誌に負けたくないんだね、と理解していたが、もっとたくさんのものと戦っていたのだろう。会社からのプレッシャー、競合誌の編集長である元同僚たちへのライバル心。「勝たせてあげたい、このひとを…」と思う自分もいて、おかしなテンションの2人を乗せた車はもはや選挙カー。リヴォリ通りをルーブルのほうへ向かう道すがら、「奇跡のように美しい街だよね」とポツリつぶやくボスの声。車内から外をのぞけば、夕暮れにジャンヌ・ダルクの像が光っていて電話をかける手をとめた。「この先何度パリにこようとも、きっと、この景色は忘れない」。一所懸命な中堅女侍の日々は、二度とかえってこない、忘れられないモーメントに満ちている。

[パリコレの思い出③ ショーの合間のあれこれ]

amy_tatsubuchi 2023/12/18

私がいうところの女侍とは、「縦の序列がある女ピラミッド社会にて、一所懸命、忠誠心を持って働く女性たち」。モード誌編集部は、会社員、フリーランスのエディター、ライター、スタイリスト、さまざまな立場の女たちが出入りする。マイノリティである男性は、地雷を踏まぬよう気を遣って生息する、日本社会ではレアな聖域。女ピラミッドの国際大会ともいえる海外コレクション会場は、国の勢いを如実に表すがゆえ、昨今は韓国、中国勢に比べて席数が減少している我が日本。パリコレに編集長のお供として参加する、いわゆる2番手だった私は2列目ならラッキー。ショーによっては、6列目でモデルの足元が見えないことが多く、ホテルでは必ず当時のstyle.com[29]をチェック。『ヘラルド・トリビューン』[30]のスージー・メンケスの記事を読みつつ、ランウェイレポ、進行中のおしゃれスナップの傾向と対策含め、編集部に最新情報をファックスで送るという時代だった。編集長は東京から大量の校正をフェデックス[31]してもらっていたような…😳 オンラインで誰もがランウェイをみることができる、「風の時代」のいまとなっては信じられないあれこれ。

29. style.com…2015年8月に終了したコンデナスト社保有のコレクションニュースサイトサービス。現在はvogue.comのランウェイセクションにて展開。
30. 『ヘラルド・トリビューン』のスージー・メンケス…1988年から25年間にわたって、『インターナショナル・ヘラルド・トリュビーン』誌で執筆した、イギリスのファッションジャーナリスト。
31. フェデックス…フェデックス・コーポレーションは、空路や地上で貨物、ドキュメントなどの国際物流サービスを行う世界最大手。

［走りきった30代］

amy_tatsubuchi 2023/12/18

早く歩みを先に進めたい、Threads連載のモード編集者日記だけれど、2004〜2005年あたりから亀の歩み。この時期、泣き笑いネタが多くそれだけ頑張ったということなのかな。30代の女性って、仕事では責任や結果を求められるけど、上司の顔色はうかがわねばならず、結婚もそろそろ、子どもは何歳までに？ 徹夜はちょっときついかも…、と大変すぎる。タイムマシーンや若返り薬があったとしても、汗と涙と苦悩にみちた30代には絶対戻りたくない。でもキャリアを築くならば、ちょっときつくても走らなきゃいけない時期は必ずある。それが自分にとってはいつなのかを見極めねば。私が走ったのはきっと30代、正確にいえば子どもを産む37歳まで。なりたい自分に近づいてきたかなぁと思えたのは40代も半ばだった。そんなこんなで今年51歳、私は次になりたい自分を求めそろそろまた走りたいから、こうして日記を書いているのかもしれない😊

写真は2004年『フィガロジャポン』
マイアミロケ
カメラ Noe Dewitt
スタイリスト 白山春久
©madame FIGARO japon

[連絡に追われる師走　使命感を持って動き出す]

amy_tatsubuchi 2023/12/19

そろそろスタイリストの仙波レナちゃんのことを語らねば、とご本人に連絡したら思い出話が止まらず、週末に会う約束をする。モード編集者日記を始めて、事実確認のためにいろんなひとに連絡する情報の裏どりに追われ、不思議な動きが加速する私😂 この忙しい師走にスタートしたことを後悔しつつ、それでもできる限りやってみようと勝手な使命感が背中をおす😄 2019年にフォトグラファーの横浪修さんの写真展をみた時に、頭をゴツンとやられた気がした。今年開催されたヘアアーティストの加茂克也さん[32]の展覧会では、400点以上の過去作品に圧倒され嗚咽が漏れるのを必死で抑えた。信念はひとの気持ちを動かす。私が一緒に仕事をしてきたひとは、みんな信念があるプロばかりだった。年をとると（自分も含め）ひとは社会的立場や経済力をふりかざして、自我を押し通そうとする。自我と信念の違いを考えることが多かった今年。私たちの信じたものは何だったか？　これから私にできることは何か？　批評ばかりの困ったおばさんになってはいないか？　もっと自分の限られた時間を世のため、ひとのために使わねばと、新しいステージを探している。

32. 加茂克也さん…ヘアアーティスト、メイクアップ・アーティストとして世界的に活躍。JUNYA WATANABEやコム デ ギャルソンのパリコレからシャネルのオートクチュールまで手がけた。膨大なヘッドピースやアート作品の展覧会も開催。(1965〜2020年)

[目黒川の奇跡婚]

amy_tatsubuchi 2023/12/20
大切なレナちゃんとの思い出を回想する前に箸休め、結婚の話をちらり。私の夫はsacaiのデザイナーの阿部さんが、ご飯に連れてきたひとだった。時系列に進めているモード編集者日記を乱すのは心苦しいが2008年4月くらいから付き合って、約半年後には結婚。お互いの海外出張以外ではほぼ毎日会った、なんなら海外でも待ち合わせした勢い婚。「目黒川の奇跡」(オフィスが目黒)といわれた女侍36歳の私の結婚を、仲良しプレスの方々は自分のことのように喜んでくれた。アルベール・エルバスのランバンのドレスやら、ジミー チュウのウェディングシューズの寄贈を抱え私たちは2008年に結婚、2009年に式をあげる。理想のタイプは?と聞かれると「ゆーこりん♡」と無邪気に答えていた童顔の夫は、まさかの妻の女侍スピリットにその後驚愕することになる。フィリップ・リムが「My nose is telling me he must be gay...(彼はゲイだと思うよ)」と心配してくれた夫はストレート😂😂😂

[ふと、若い頃を振り返ってみる]

amy_tatsubuchi 2023/12/21

箸休めネタをつらつら。今週は子どもをスキーレッスンにいれ、リモート仕事。若い子たちとやりとりしながら、彼女たちの年頃の時自分はどうだったかなぁ、とふわり幽体離脱。ものをつくる人には、インプットが大切だけれど、その時間と自分の中のストックがなくなってよく息苦しくなっていた。モード編集者に必要なのはコレクション情報、海外ネタ、セレブネタ、国内外のトレンド情報、加えて映画、音楽、アート、洋書&写真集チェック、読書、お友達とのおしゃべりなどなど…多すぎる🥹🥹🥹 でもお笑い芸人と編集者はネタ命。インプット不足は、カルチャーに造詣が深いスタッフだって引っ張れない。働いて、インプットに励み、自分メンテも必要だから、常に時間が足りず、ずっとこの感じで大丈夫か?と焦っていた気が。ましてや、いまの時代は若くして成功と大金を摑むひともいて、SNSで他人と自分を比較しがち。でも好きなことを仕事にできて、夢中になれることほどの幸せはない。まずはお金では買えない仕事でしか得られない満足感、その先の展開は後日相談で大丈夫!「自分のペースでよいんだよ」と突然声をかけるのも変すぎるであろうと、いつも心のなかでエールをおくる。

[7.4 レギンスの乱]

amy_tatsubuchi 2023/12/22

スタイリストの仙波レナちゃんに会うまでは、自分の『フィガロ』後期日記が完成せず。その間に後輩ちゃんたちと共有したおもしろエピソードのうち、おひとつ。それは2007年7月4日、レギンスのテーマでレイアウト入れをした原田奈都子ちゃんが、あろうことか塚本さんにたてついた事件。「7.4 レギンスの乱」。絶対ノーの時にみせるメドゥーサ[33]の睨みがでたら、さっさと謝ってやり直しが正解なのに、なぜか強情を張るなっちゃんに編集部の空気が凍りつく。あんなに怒った編集長をみたことがないくらいに大爆発、シャネルのマトラッセ[34]もサングラスも置きっぱなしでプンプン帰ってしまう😡 あの時塚本さんはバレンシアガのミニドレスを着てたっけ。引っ込みがつかなくなったのだろう、広告のはんちゃんが荷物回収に現れた。お洋服ってこんな形でも記憶に刻まれていくから、やっぱりこだわって選んだほうがよいですね。なっちゃんは、厳しくて怖かった塚本さんだけど、熱くて人間味溢れるところが大好きだそうです🖤

33. メドゥーサ…ギリシア神話に登場する怪物。イタリアブランド、ヴェルサーチェのブランドアイコンとして有名。
34. マトラッセ…格子状のダイヤ柄にキルティング加工が施されているシャネルを代表するバッグのひとつ。

[『エル』のきーちゃん]

amy_tatsubuchi 2023/12/22

『フィガロ』時代の記憶のパズルを埋めるがごとく、同胞たちと「あの時、こーだったよね？」と連絡を取り合う日々。あるひとは京都に嫁いでいたり、またあるひとはマレーシアで子どもを育てながら日本の媒体のお仕事をしていたり、もちろん会社員の編集者もいる。女侍たちはそれぞれの道を進んでいるのだけれど、みんな辛かったエピソードを話しながら、全力で走った自分たちが懐かしく、さらに編集長を尊敬しているところが泣ける。女子バレーの試合をみると、当時の自分たちを重ねてしまうのは私だけか。打っても打ってもボールがきて、みんなで力を合わせてアタックする感じ😂 現在、『エル』で働くきーちゃんは、「あの時の塚本さんのカリスマ性はすごかった…」と振り返っていたが、私からするとフルタイムの会社員としてバリバリ働きながら、4人の子育てをしているあなたも同じくらいすごい！ しかも依然として変わらない可憐さも健在ではないか。当時の塚本さんもきーちゃんも40代。ひとにはそれぞれ役割というものがあり、そこに序列は存在しないのだと改めて感じ入るのでした。

［スタイリスト 仙波レナちゃん］

amy_tatsubuchi 2023/12/24

スタイリストの仙波レナちゃんに会って、一気に4時間おしゃべりをする。どこから書いてよいかわからないけれど、概要から。レナちゃんによると、私は「最初は物撮りからだけど、ついてきてくれたら悪いようにはしない！」的なことをいい放ったらしい😂😂😂 その言葉を信じてレナちゃんは頑張った！ 靴バッグの40ページから海外ロケまで。私だって塚本さんに負けず劣らずキレキレ期、彼女には鬼のシゴキだった気がする。ニット特集でものを集めすぎて会議室が溢れんばかりになり、途方にくれながら2人でコーディネートを朝まで組んだなぁ。撮影セットをいろいろ贅沢に作り、スキーウェアの撮影ではイイノ南青山スタジオに雪とスノーモービルを搬入。そう、私はお金を使いまくって撮影をする天才だった😋😋😋 モード写真とは、ストーリーや女性像を明確に編集者が設定しなければならない。なんとなく撮っていては、ダメなんだよね。トレンドの洋服から特集テーマを決め、映画や写真集、絵画、古い洋雑誌、海外ドラマなどから、撮影イメージをスタイリストに伝える。私がよく変な小道具を欲しがるから洋服集めだけで終わらず、探し物が多くて大変だったねぇ、といまさら労う😌

Chapter 1 | 『プラダを着た悪魔』（のアシスタント）期

[フォトグラファー　大島たかおくん]

amy_tatsubuchi 2023/12/25
レナちゃんのブック[35]をみながら、クリスマスの日に今は亡きフォトグラファーの大島たかおくんのことを考えている。どんな分野でも同じだけれど、ファッションクリエイターも世界で勝負するひとがいる。彼はパリベース、フランス人のパートナーがいて、日本人には珍しいセンシュアルでマチュアな写真を撮るひとだった。チームで仕事をするクリエイターの世界において、手先が器用で勤勉な日本人ヘアメイクより、フォトグラファーやエディターには世界の壁は高い。後者２つの立場はチームの座長として、センスやテクニック以外にも仕事を引っ張ってくるコネクション、クライアントやスタッフを納得させる説得力、いろいろ揃ってはじめて一人前。スーパーモデルのリンダをたかおくんと一緒に撮影した時、彼女は37歳。メイク前の本人があまりに写真と違うので動揺する私に、「あのレベルは写るテクがあるから、写真のなかは別人になるよ」と、フランス語でサクサク女王さまを仕切った。プレッピーなお洋服を撮影の日は土砂降りになってしまい、しっとりモノクロをいれたけれど改めてよい写真。もっとモノクロを撮らせてあげたかったなぁ。たかおくんは私の中で、いまも生きている。

35. ブック…カメラマン、スタイリスト、ヘアメイク、イラストレーターなど、クリエイターがプレゼンのために制作する作品ファイル。現在はインスタグラムアカウントを活用するのが一般的。

カメラ 大島たかお
©madame FIGARO japon

[レナちゃんとの仕事]

amy_tatsubuchi 2023/12/25
レナちゃんとの撮影は 2004 年から 2009 年に集中している。表紙、ファッション巻頭、丸ごと別冊など。いくつか印象的な国内撮影ピックアップしてみた。雪とスノーモービルをスタジオに持ち込み合成、スキーウェアの撮影はサンモリッツをイメージ。中国の女帝がテーマだった YSL、ピンクの部屋の女の子を設定した靴バッグ別冊は、いずれもセットを建て込み。ポーターがいろんな部屋をのぞいていくという設定の旅支度のストーリー。この男の子は、いったいどこで拾ってきたのだろうか😂😂😂 徹夜でコーディネートしたニットはモデル、コーディネート物が 3 週間分と、単品集合の物撮りがあり綴じ込み 12 ページ。トレンド小物も「パリジェンヌの秘密の小部屋をのぞく」というコンセプトで、物の絵作りにこだわっていた。いま考えるとエディトリアルでこんなに労力とお金と熱量を注げたことは、人生の財産。

カメラ 三枝崎貴士
©madame FIGARO japon

カメラ 富永よしえ

カメラ 北島明

[私がみつけた原石]

amy_tatsubuchi 2023/12/26

私は『フィガロ』からフリーになるタイミングで、新しい気持ちで始めようと女侍スピリットをもってして、過去作品を大量に処分した。レナちゃんのブックに残った思い出たちが、溢れ出してとまらない。ロンドン帰りの中村和孝さんは、『DUNE』に掲載された女の子4人を撮った海辺の写真が忘れられなくて、すぐ連絡を取って仕事をしたフォトグラファー。彼が持ってきたのはロンドンで撮影したモノクロのポートレート写真ばかりで、女性誌にはなんの参考にもならなかった😂 実績のないフォトグラファーに仕事をお願いする時は上司へのプレゼンに苦労するが、「私がみつけた原石♡」という喜びがある。荒れたプリントの質感や絵の切り取り方に勢いとセンスを感じ、なんとなく「いけるな」と、自分の勘が働いた。ピンナップガールの水着撮影10ページは、昔のポスターを集めた画集をインスピレーションに撮影。モデル4人を1カットずつヘアメイク、背景、小道具を変えた10枚のポスターを作るという趣旨。フリンジつきのパラソルがどうしても欲しくて、レナちゃんにまたまた手作りをお願いした。「私がみつけた原石」探しは、編集者という仕事の醍醐味。

カメラ 中村和孝
©madame FIGARO japon

[スーパーフォトグラファーとは]

amy_tatsubuchi 2023/12/26

レナちゃんといろいろな会話をするなかで、私たちが出会ったスーパーフォトグラファーやスーパーモデルについて話し合う。まずスーパーフォトグラファーとは何であろう？と考えると、インターナショナルキャンペーンが撮影できて、どんな被写体がきても「俺色に染める」ひとのことをいうのだと思う。わかりやすい例をあげれば、ピーター・リンドバーグ[36]。彼はたとえ被写体がへっぽこな私であろうとも、彼の世界で生きる女性たちに変身させる魔法を持っている。技術や語学力、センスと作家性に加えて、コミュニケーション力、人間力。世界基準のクリエイターになるには、さまざまなハードルを超えないと。シャルロット・ゲンズブールをパリで撮影できることがあり、憧れの七種 諭[37]さんにお願いした時に、あーだこーだ打ち合わせでいったところで、一流フォトグラファーは現場でシャルロットをメロメロにしてしまう。2人はその瞬間、恋人並みの熱量を持って撮影するから、ずっと手を繋いでラブラブ。技術や語学力は当然で、それ以上のコミュニケーション力というのは、日本人フォトグラファーに足りないところかもしれない。

36. ピーター・リンドバーグ…ドイツ生まれの写真家。90年代スーパーモデルブームの火付け役ともいわれたファッション界の巨匠。まるで映画のようなドラマティックなモノクロ写真が持ち味。(1944〜2019年)
37. 七種論…1984年に渡仏。日本人写真家。世界各国モード誌、エスティ ローダー、YSLなどインターナショナルキャンペーン、トップセレブリティを数多く撮影。日本人として世界的に成功した数少ないフォトグラファーのひとり。(1959〜2021年)

［自分の目指す絵を持つ］

amy_tatsubuchi 2023/12/27
被写体との距離感をグッとつめてくる海外フォトグラファーたち。シャイな日本人には、コミュニケーションスキルや愛情表現の乏しさは、この仕事でなくても課題だろう。私が海外撮影で感じたことを発表することはもうないだろうから、ここで共有。ファッションフォトグラファーは、自分の目指す絵をしっかり持たなければいけない。ドキュメンタリーアプローチでない限り、偶然の1カットを待つには時間は限られているし、ファッションフォトとはフォトグラファーを頂点に作りあげる創造物。パトリック・ショウはモデルを躍動的に動かしたい時に「鳥になれ！」と叫ぶだし、パオロ・クダキはドールライクなポーズが欲しくて、「あなたはオルゴール人形なのよ」とまるで催眠術のように話しかけて撮影していた。スーパーモデルのイリーナ・ラザルヌによると、「マイゼル[38]は右鼻脇だけ動かして、なんて信じられないくらい細かいリクエストをだしてくるの」といっていた。それらは全部、撮りたい絵に向かって撮影しているから。そこへ向かっての手練感（てだれ）とアプローチのバリエは、やはり海外の方に学ぶところが大いにあるのでした。

38. マイゼル…NY 出身の写真家、スティーブン・マイゼル。長年、『US ヴォーグ』、『IT ヴォーグ』で活躍。数多くのスーパーモデルを発掘し、トップブランドのワールドキャンペーンを撮影した、1990〜2000年代を代表するフォトグラファーのひとり。

[モード編集者的思考]

amy_tatsubuchi 2023/12/28
あちこち寄り道をしている感のある、モード編集者日記。この調子では、いつまでたっても終わらない😄😄😄 モード編集者とは、好奇心いっぱいにウロウロ生きるのが性。映画『TAR』を観れば、これをネタにビッグシルエットのジャケットを撮影するのは素敵だなと思ったり、90年代が流行れば、「90S i-D David Sims」を検索してつい古本探し。そんな筋トレのような日々があってこそのお仕事なのだ。デジタル化が進んで撮影本数は少なくなっているいまの現場だろうが、モード編集者的思考回路はもの作りに携わる限り、いやこの業界で仕事をしている間は、なくしてはいけない。サッカーの試合に例えると編集者はコーチとして試合の目標を設定、ボールをスタイリストが拾って、ヘアメイクとモデルとパスを繋ぎ、最後にシュートを決めるのは、やはりフォトグラファー。「決めて!」と願ってずっと横に立っていた日々…。シャッターを押せるのは、エースのあなただけ🖤 フォトグラファーって孤独、でもみんなの夢を結実する素晴らしい仕事です。

[気づかぬふり、で見守って]

amy_tatsubuchi 2023/12/29
スーパーモデルの話をしたいとこだけれど、なんだか中途半端に終わってしまいそうでまた来年。年の瀬だからか夫を思う。SNSをやらない彼には、秘密裏に進めたかったモード編集者日記。温泉で知り合いに裸をみられるほうが恥ずかしい、ってあの感じか🤭🤭🤭 でも、どうやら最近、「奥さんの文章読んでます」って報告が身辺からあるようで、近しい業界にいるからこそ、なんだかお気の毒な気持ちに…。外では気取った龍淵さんを演じている妻が、ずっと内包しているちびまる子的視点と、女侍スピリットをいまさら解放しているなんて🥺🥺🥺 瞼を閉じれば15年前、「おじいちゃん、でっかい嫁がきました」と祖父の墓標に手を合わせ、結婚の報告をする彼の姿。人生にはチャレンジが必要と、あえて選んだ私という細い道。私と彼は別人格ということで、このまま初志貫徹することを見守り、どうか気づかないふりをしていただきたい。今年もお世話になりました🖤 でっかい嫁は年末年始しばし休眠。

［風呂に入りたくない夜もある］

amy_tatsubuchi 2024/01/03
25歳の時から、お正月には親友と毎年目標を交換している。その数10個ずつ😂 とはいえ、若い時は歯の治療をするとか、部屋を掃除する、とかお恥ずかしい幼稚な内容で、親友でないと発表できないレベル。「それって、目標というか、予定？」とよく笑いあったもの…。しかしながら近年は自分や仕事のことだけでなく、子どもや家族のことなど、私たちもようやく大人の女性としての厚みがでてきた感あり。そして迎えた2024。お正月から衝撃的な災害[39]が続き、目標どころの気持ちではなくなってしまった。気持ちがすっかり塞いでお風呂に3日も入ってない。私たち、今日、生きてるだけですごいことなのかも。とはいえ四半世紀続く恒例行事、お互いに命ある限りは続けたい。なんとか絞り出した目標は5つ、しかも1番目をかなり意外な内容にした。

今日を大切に。
今夜は絶対お風呂に入ろう。
2024年1月3日

39. 衝撃的な災害…2024年1月1日、石川県にて発生した、最大震度7の令和6年能登半島地震。

[**NY でレスリーと**]

amy_tatsubuchi 2024/01/04
明日は流行通信社の同期会。いまはなき、ある意味伝説の出版社が私の社会人スタートの場所だった。せっかく 2006 年くらいまできていたモード編集者日記なのに、また 90 年代に話が戻ってしまうのは痛恨の極み。しかしながら、人生に何度かある自分の底を思い出すのは、必然的なタイミングかもしれず…。逆流することをご容赦いただきたい。ところで、今日はなぜかフォトグラファーのレスリー・キーと撮影する夢をみてうなされる😆😆😆 実際、彼に最後に会ったのはずいぶん昔で、あれは彼が NY のエージェント・Jet Root に所属していた頃(2001〜2005 年)。五番街で「タチビチ！」って呼ぶ声がして振り返れば、レスリー！ 一緒にいるひとに、「彼女は『フィガロ』でいちばん予算持ってるエディターのエイミー」って紹介。そのストレートさがどうにもレスリーなんだけど、「あぁ、このくらいタフに生きてかなきゃ、NY ではサバイブできないよね」と若かった私には印象に残った。才能と好き嫌いだけでは、生きていけないプロの世界。ひととの出会い力、どの船に乗るかの判断と、自分の方向性を切り開くプロデュース力。フリーランスで長くよい仕事をするのは、結構、覚悟がいりますね。

おさらい！モード誌あれこれ

Magazines

フィガロジャポン
フランス版『マダムフィガロ』の日本版として1990年に創刊。パリジェンヌの生き方と視点を発信。旅特集に定評あり。

madame FIGARO

ヌメロ・トウキョウ
1999年にフランスで創刊の『Numéro』をベースに、2007年、日本版創刊。ちょっと尖ったクリエーション、刺激が詰まった独自色が魅力的。

ELLE

エル・ジャポン
世界約50の国と地域で刊行される『エル』日本版は1989年創刊。モードから社会問題まで網羅。女性誌のデジタル化をリード。

NUMÉRO

VOGUE

ヴォーグ ジャパン
アメリカで1892年に誕生した『VOGUE』の日本版(1999年創刊当時は『ヴォーグ・ニッポン』、2011年名称変更)。世界基準のクオリティを継承。

GINZA

Harper's BAZAAR

SPUR

ギンザ
1997年創刊の後発モード誌。2011年の中島敏子編集長によるリニューアルでデザイン刷新、一大ブームを起こす。サブカル女子の心の友。

シュプール
日本の老舗モード誌は、1989年創刊。90年代のスーパーモデルブームを牽引。ミーハー心とkawaiiモードが両立するオンリーワン。

ハーパーズ バザー
1867年にNYで創刊した世界最古の女性ファッション雑誌。現在の日本版は、2013年に再創刊された。カルチャー読み物やアート特集が充実。

[できる女の実行力]

amy_tatsubuchi 2024/01/06

流行通信社の同期会でわかったこと。同期6人のうち、いまだ出版に関わっているのは私だけ😊 なかでも佳奈ちゃんは、転職、NY移住、結婚、出産、会社設立、離婚とつねに実行力がすごいのではないか、と盛りあがる。私は有言実行で、ついつい頑張ってしまう女性が大好物。未完成だけどストラグルする姿に心打たれる、高校野球ファンの心理に近いか…🤭 実現力の高いひとって、多くを語らずとも、さっさとやりたいことを形にしちゃうんだよね。そういえば、スタイリストの一ツ山佳子ちゃんも去年ご飯した時に、「そろそろもう一回NYに住もうと思って」といってるなと思ったら、気づいた時にはもう移住してた。できる女性って「やりたいことはあるけど、いい物件がない」とか「夫がどーのこーの」とか、できない理由を探さないんだよね。今日は12時間佳奈ちゃんと話し合って、これからの生き方と今年の目標を交換。社会的に成功したりお金持ちだから幸せとは限らない。インディペンデンスがあって主体的に生きるってことのほうが大切なんじゃないかな、と思った夜。そういう女性はキラキラ輝いてみえる。

[ようやく2024を歩み出す]

amy_tatsubuchi 2024/01/06
昨日は佳奈ちゃんと喋りすぎて、喉がカラカラな土曜日。茶封筒でお給料を現金支給され、パープルのおんぼろ社用車をかっとばしていた新卒時代、働きすぎて深夜に溢れる思いの丈を国際電話でぶつけていた30代、子育ての大変な時期に自分の我を抑えて苦しかったアラフォー期、仕事と家庭のバランスに四苦八苦しながら立ち上がった40代…。私の全部を知っている親友には、犬がお腹をみせるがごとく、自分をさらけだせてすっきり。久々に会った同期のひとり、新潮社に転職していた小山亜希子さんは、ワインの勉強をしたくなって退社。ワインバーで修業しながら独立に向けて準備しているそう。イタリアンバールで出会った彼と43歳で結婚し、夫がお弁当を作ってくれると楽しそうだったな。何歳になってもなりたいものがあるっていいね。人生の満足度＝幸福度という経済哲学が私の大学卒論だったけれど、あれは意外によい内容だったのでは？佳奈ちゃんとの毎年の目標交換って、「これはまだゴールじゃないよ！」、「将来なんになりますか？」って、声をかけ合い続けてる感あり。もやもやした年末年始からブレインストーミングを重ねて、ようやく2024を歩み出せそう。

[冬休みが終わる朝]

amy_tatsubuchi 2024/01/07

子どもたちの冬休みが終わる朝、終わらない宿題を眺めながら思う。不得意はほどほどに、でよいのではないか。私だって中3になる頃には、すでに理数系は苦手で、塾や家庭教師をお願いしても嫌いだからたいして伸びない。一方、作文と絵画はうっかりコンクール入賞のヒットを飛ばし続け、12歳年下の妹が生まれたのをいいことに、高校生までバービーで遊んでいた。作文、絵画、着せ替えが好きってことは、小さい頃から雑誌編集者の素養があったということなのではないか？ 勉強全般頑張っていい大学にとりあえず！ というのは、お勉強が得意で、なりたい職業に学歴が必要なひとだけでよい時代。子どもの資質をみつけて、伸ばしてあげることを教育というのであって、みんなと同じレールに乗せて安心する時代はとうに終わっている気がする。そんなわけで私の得意を生かした、ある意味アップスケールなリアルバービーで着せ替えをし続けた、レナちゃんとのスーパーモデル撮影に、次回から話を戻したい。いろいろあった年末年始だけれど、それぞれやるべきことをやっていくしかない。私は娘たちも含め、後進の女性たちに自分の体験をシェアしていきたい。

[スーパーモデルとは]

amy_tatsubuchi 2024/01/07

2005年から2008年あたり、『フィガロ』と朝日新聞の広告共同企画で、NYにてスーパーモデルを撮影し続けた。高身長で美しいのは大前提、スーパーモデルというのはアスリートのようにしなやかで、女優並みの表現力、そして才能あるデザイナーやフォトグラファーに愛されるパーソナリティ。海外と日本では求められる表現力の幅が圧倒的に違うので、眉ひとつ、指先1本まで神経を配り、求められる結果を必ず叩き出す。「マイゼルの好きなポーズはこれ、ソレンティ風はこんな感じ」と有名フォトグラファーの特徴を理解していて、十八番ポーズも持ち合わせる。例えばココ・ロシャはアイリッシュダンスのチャンピオンで、素晴らしいステップとジャンプを絶対おみまいしてくるし、ヴィクシー系[40]のドゥツェンやジゼルは、ゴージャスでリッチな髪とボディを自在に操り、その場を瞬く間に制してしまう。すっぴんで会うと「へ？ 私がおよびしたのはあなた？」って拍子抜けする子もいるが、スイッチオンで高いギャラにも納得の表現者に大変身。ドゥツェンに「最近買ったものは？」と聞いたら、「a piece of land（土地を少々）」。ダイナミックなのよね、20代でも。

40. ヴィクシー系…アメリカのランジェリー、水着、パジャマ、コスメ、フレグランスなどを扱うブランド、ヴィクトリアズ・シークレットの略称。セクシーでグラマーなトップモデルをキャスティングすることで知られた。現在では人種や体型、年齢など、多様性を重んじたショーやキャンペーンにシフトチェンジ。

©madame FIGARO japon

[タクーンというひと]

amy_tatsubuchi 2024/01/09

限りある時間と人生。気のすすまない社交はやめて、プライベートでは会いたい人だけに会おうと決めた翌日。早速会いたい人がNYからやってきた。『HommeGirls』[41]編集長のタクーンは、2007年GAPのイベントで来日の時からのお付き合い、ということは17年来の友人ってことか😊 『ハーパーズ バザー』の編集者からデザイナーに転身、TASAKIのジュエリーデザインも手がける彼。これまでのキャリアの集大成として、雑誌とその名前を冠したアパレルという新しい形を生み出したことを心から尊敬🖤 思い起こせば、2005年あたりから2012年くらいまでは、空前のNYデザイナーズブームだった。デレク・ラム、タクーン、フィリップ・リム、アレキサンダー・ワンなど、アジア系デザイナーが一気に台頭したのは、後にも先にもこの時だけになりそう。NYの佳奈ちゃんからの紹介で、彼らが来日の際にはよく遊んだもの。タクーンは2007年の9月号を制作する『US ヴォーグ』編集部を追ったドキュメンタリー映画、『ファッションが教えてくれること』にも、アナ・ウィンター[42]期待のデザイナーとしてご出演。そちらもご参照ください。

41.『HommeGirls』…2019年創刊、NYのファッションカルチャー誌。メンズウエアが好きなかっこいい女の子、がコンセプト。編集長はデザイナーのタクーン・パニクガル。
年2回発行、同名のアパレルラインも並走する。
42. アナ・ウィンター…『US ヴォーグ』の編集長。『プラダを着た悪魔』の編集長のモデルとも言われるモード業界の女王さま。

［私にしかできないことを］

amy_tatsubuchi 2024/01/09

昨日からずっと考えていること。自分のキャリアを、どのような形で仕上げていくのがよいか。タクーンの話によれば、昔一緒に遊んでいたケイト・ヤングは、いまや世界でも3本の指に入るセレブスタイリストになって、セレーナ・ゴメスからジュリアン・ムーアまでケイトにおまかせ。「ケイトの顔は日本のアニメに出てきそうだから、日本で仕事したら成功するわよ」って、当時デレク・ラムのPRのリサからプッシュを受けて、彼女もトリンプの仕事をして東京をウロチョロしていた時期もあるのになぁ。同年代のサミラ・ナスルは、長いフリーランススタイリストから『ハーパーズ バザー』の編集長に就任。これまでの経験を生かして、何かの形に結実する年代にきてるってことなんだよね。ただただ目の前の仕事をこなしていて、私、満足なのか？と問い続けている。仕事はもちろん生活のためであるけれど、同時に自己表現でもあるし、消費や趣味ではけっして味わえない、独自の満足感というものを追求すべきではないか。娘たちや次世代の女の子にもそれを是非体験してほしいな。とりあえず「チャレンジ」と「整理」をキーワードに、私にしかできないことを考えたい。

[森さんとの出会い]

amy_tatsubuchi 2024/01/09

2006〜2007年あたりに記憶を集中してみる夜。たしか2008年のH&M日本上陸に向けて、日本のプレス5人くらいが本社があるスウェーデンに召集され、『フィガロ』代表で参加した私。そこで『エル』の編集長だった森さん[43]と初めて長期にわたり時間を過ごす。その前後どちらか忘れたけれど、パリコレ取材出発当日。徹夜明けの私はパスポートを忘れ😂😂😂、フライトを直行便から遅い時間のミラノ経由パリ行きに余儀なくチェンジ。ふらふらとミラノに降り立ち、トランジットのバスに乗ったら隣は森さん！思えばこのあたりからご縁があったのかしらねぇ…。後に『エル』に転職することになるわけだけれど、小さなきっかけが積み重なり、人生には転機を運んでくれるひとつているもの。ちなみにH&Mは、2007年上海上陸にも再召集。コラボコレクションを発表したカイリー・ミノーグのライブが最高で、興奮した私は「海外メディアはどうみたか」的な中国のTVに出演。若さゆえの勢いって怖いですね。

43.『エル』の編集長だった森さん…名物編集長、森明子さん。1996年から15年間、『エル・ジャポン』の編集長を務め、2000年からエル・グループのディレクターとして出版している全雑誌に関わった。

[毎日素敵な自分でいるために]

amy_tatsubuchi 2024/01/09

いちばん忙しかった時期の私は、朝に無駄な時間を使いたくないのと、毎日安定して素敵な自分でいたいため、なんと私服コーディネート帳をつけていた😌😌😌 タクシーに乗っている時間やちょっとした待ち時間に、さらさらっと絵型で。①（アクセサリーひとつチェンジでもよいので）同じコーディネートは二度としない。②2週間ごとにアップデート。③買い物に迷ったら、5つ以上コーディネートが思い浮かぶものしか買わない。と3つルールを決めて日々鍛錬。頑張り屋さんな自分が、なんだか愛おしくなるようなエピソード。しかもそのコンセプトを全私物撮影で、誌面化して実際にご披露したことも何度かあり。海外ロケから帰宅後すぐ、自宅のクローゼットをまとめてチクチク物撮影という、なんともいえない独自の動き。でもこれ、よくできてる。ちなみに雨の日用の2ルックを、予備に作っておくのも大事。おしゃれスキルをアップしたい方は、コーディネート帳をつけるのおすすめですよ。無駄な買い物もなくなります。

©madame FIGARO japon

[2007年 権之助坂の変]

amy_tatsubuchi 2024/01/11

物事にはすべて終わりがあるように、私の『フィガロ』人生も終焉に向けて加速していく。そのひとつのきっかけとなったのが、2007年の権之助坂の変。女ピラミッド社会では絶対NGなことだけれど、35歳の私、編集長への異義唱え申し候😂 やりがいを感じていた海外出張や華やかな撮影も、何回も繰り返しになると刺激減。ランバンのドレスを着て、ニナリッチのハイヒール履いて、朝まで残業とか嫌だし、この年齢でお給料がグンとあがったり、画期的な出世とかもないわけですよね？ ならば早く結婚して出産して、いいかげんプライベートを構築しなきゃ。心に次々と浮かんでくる声を、「こんなに頑張ってどんないいことがあるんですか？」ってひとこと、残業明けの朝4時の権之助坂で問いかけた。編集長の坂の上からの返事は、「それは限りない満足感よっ！」だったけれど、いまになってそれはある意味、人生の真理を突いていたのかもなぁ…、と考える。お金があってもやりたいことがみつけられず、ずっとなんとなく不満足なひともいる。自分が手に入れてないものほど、その空いてる穴が大きくみえるのが人間というもの。私はプライベートという穴がすっぽり空いていた。

［結婚 負け犬卒業］

amy_tatsubuchi 2024/01/12
2007年の年末に、いまいちど褌を締め直す思いでお墓参りをしっかりすませ、2008年は必ず結婚しようと心に決めた😤 男女問わず、新しいひとと食事にでかけるようにしているうちに現在の夫がふわふわと登場。2008年4月くらいから付き合って、9月のNY出張が一緒だったからそこで指輪を購入。「あれ？ 私、まだプロポーズされてないんだけど」と、指輪をはめたと思ったらプロポーズを促し段取る私。お互いの我の強さはうっすら感じつつも、近い業界で話も合い、相手も好奇心旺盛なウロチョロ気質ってだけで、もはや希少。何より彼は私を笑わす天才だった。結婚前の確認にと、ひとのご紹介でみていただいた占い師さんによると、「同志としてお互い切磋琢磨して生きていくパートナーです」。そうして36歳の誕生日の日に、無事、負け犬卒業。20代の時はどんなボーイフレンドを連れていっても文句のあった両親も、「どーぞ、どーぞ」と熨斗をつけて送り出さんばかり。2人で過ごした新婚時代は、1年そこそこ。翌年には妊娠、出産と怒濤の展開が待っていた。

［産休前、最後の仕事］

amy_tatsubuchi 2024/01/12
2009年に妊娠。12月の出産に向けて、10月から憧れの産休をとることに。東京・両国国技館で行われた、アルベール・エルバス来日による、ランバンのショー出席を最後の日に選んだ。普通の女の子に戻って、女の幸せってものを改めて考えてみよう。一所懸命の女侍人生はしばし休憩。気まぐれ女侍に変身した私は、束の間の嵐の前の静けさを満喫していた。最後の舞台となるランバンのショー会場では、フロントロウに真っ赤なドレスを着て座る塚本編集長のお姿を拝見。あろうことか、お隣に座る松雪泰子さんとドレスが丸かぶりしているではないか！ でも女優に引けを取らない編集長ってなかなかいない。「お師匠さま、さすがです」の言葉を胸にショーを鑑賞。感動のフィナーレを終えて帰ろうとしたその時に、塚本さんが駆け寄ってきてひとこと。「エイミー、待ってるからね！」。権之助坂の変以来、心の距離感は広がっていたけれど、最後の日の不意打ちに涙腺崩壊。でも…その日を最後に私が『フィガロ』に帰ることはなかったのです。2009年10月28日、マイクの代わりに赤ペンを置く（校正に使う赤ペンは編集者のマスト）。

[ここからは、ゆっくり進めていきたい所存です]

amy_tatsubuchi 2024/01/13
いよいよ2010年あたりまで書き進めてきた、モード編集者日記。今日現在の記憶がいちばん当時に近いと思うと、締め切りがあるわけでもないのに、はやる気持ちを抑えられず、急ぎ筆を走らせてきた。事実関係の裏どりはもちろん、時には友人の青木くんに原稿チェックをしてもらったりで、青木くんとの関係はさながら作家と書籍担当編集者😄 本当は1週間くらいひとり山に籠り、この不思議な女一代記を一気に完成させてしまいたい衝動にさえ駆られる。しかしながら私、家庭のある身。そんな自分勝手な暴走が許されるわけもなく残念無念、いたしかたない。ただここまできたら、もうひと安心といえるのではないだろうか？ 長女が生まれた2009年12月以降は、画像も資料もたくさん残っているので、記憶の糸をたぐるのが容易。そろそろペースを落として、ゆっくり進めていきたい所存です。

［長女出産 フリーランスの道］

amy_tatsubuchi 2024/01/14
一般的に初産ならば、女性の高齢出産は35歳からとされているわけだけれど、妊娠中はその実感ゼロ。産後の3時間おきの授乳や、母乳がなかなかでなかったりの、あの時期のおつかれ感🥺🥺🥺 わずかな物音や少しの光で起きてしまう、寝ない長女にぐったり。やっぱり、出産は体力的な観点からいうと、もうひと声早いほうがよかったか…と思えど、今更どうにもなるわけでもない😂 物言わぬ赤子と、日がな一日過ごす生活は、子どもはかわいくて愛していても、「これ、ずっとは無理」と暗澹たる思いに陥った。その一方で、「自分の中の母性や女性性が十分ではないのでは？」と、自分を追い詰めてしまったり、産後鬱も相まって幸せなのに悲しい状況。そもそも、どうにもこうにも主婦としてはパッとしない私。自分でないとダメなこと、私じゃない他の誰かがやってもよいことをリストアップし、予定より早く仕事復帰しよう、自分を取り戻そうと思い立つ。専業主婦の母親像や「三つ子の魂百まで」という言葉の呪縛は、私たち世代の日本女性には多かれ少なかれあるだろう。フルタイムの会社員で、海外出張や残業をこなせるか？ 悩み抜いてだした答えはフリーランスという新しい道。

[三つ子の魂百まで]

amy_tatsubuchi 2024/01/14
私が産休しようが、雑誌は何の問題もなく出版される。改めて自分は組織の駒にしかすぎず、代わりはいくらでもいるんだ…とぼんやり考えた。きっと偉くなって権力を手にいれると見える景色が変わるのかな。まさかの編集長交代もあり、『フィガロ』でやり残したことは、もうとっくになかった自分にも気づいた。会社員としての安定、組織の肩書きがあることの安心から離れて、『エル』、『GINZA』などの雑誌、カタログ制作をフリーで始めたのが2010年後半。1年もしないうちに『エル』と契約するから、意外とこの間のフリー生活は短い。でも「子どもを理由にしたくない」と女侍の意地に火がついて、同時期の海外出張はNYに2回。母にお願いして出張から帰ってくると、絶叫するように娘に泣かれて胸が痛んだ。大きくなった本人に「あの時寂しかった？」って聞くと、「え？なんのこと？」と何もおぼえてないから拍子抜け。あの「三つ子の魂百まで」は、女性を縛りつける呪文ではなく、「この時期がいちばんかわいいよ！」というエールと理解したほうがよい。

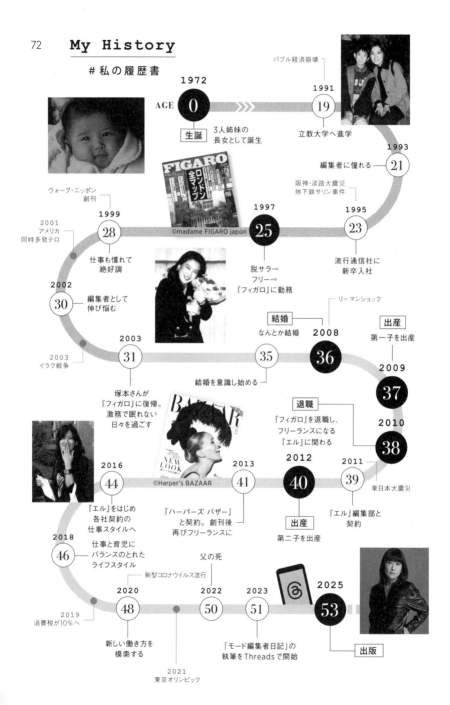

Chapter 2

[第 2 章]

出産・キャリアの
お悩み期

2009-2013

The Struggle.

[キャリアと家庭の両立]

amy_tatsubuchi 2024/01/15
会社員でよいことだってたくさんある。安定、安心、出世、責任あるポジションでのやりがい、社員だからこそできる大きな仕事、組織での成長などなど。フリーランスになってくる仕事のなかには、蓋を開けたら自分の意に沿わない予想外のものもあり、完成作品が嫌で、なんと夫に向かって投げつけたりした😂😂😂 いわゆる社員だからこそできるファッションの花形ページ担当だった私には、まだまだ青いプライドがあった。「私は身体が女なだけで、気持ちはあなたと変わらないから！ 終わりの時間を気にせずに働きたいの！」と泣きながら夫に訴えたこともある。素敵な例えでいうなら、主演女優から脇役に降ろされた感じとでもいっておこう😄「いやー、あんなひと初めてみたわ」と、いまでは懐かしい表情で荒れる私を回想する夫。私たちはずっと並走してきたはずなのに、子どもが生まれたら、私の前の道だけが遮断されたような気持ちになった。めんどくさいひとを妻にして申し訳ないが、（個人差はあるにせよ）プライドと意地が多少でもなかったら、踏ん張れない時ってあるもの。キャリアと家庭の両立に悩むこの時期を、日記の第2章に位置づけたい。

[何もかも決めないで！]

amy_tatsubuchi 2024/01/16

短い最初のフリーランス期、もっとも印象深い仕事は、責任編集した『GINZA』の別冊『ginzakids』28ページ。中島編集長[44]とAD[45]の平林さん[46]コンビで、リニューアルしたばかり。kidsと『GINZA』ってあまり関係なさそうだけど…、どさくさに紛れて企画から通した😅🙏 子どもを産んだからこそわかることを、編集して形にしたかった。いつものようにラフを書いて準備万端臨んだはいいが、平林さんとの最初の打ち合わせで「龍淵さん、何もかも決めないで！」と怒られてしまう。ADが引っ張る雑誌作りに免疫がなかった私は目が点。お隣に座っている副編集長の顔に、ちびまる子ちゃん風縦線が走る。大方の企画は受け入れてもらいながら、物撮影やスナップ切り抜き、読み物ページの物配置について、事前に念入りにレイアウトを詰め撮影。巻頭モデルはその時第二子を妊娠していた、長谷川京子ちゃん。ママになっても美しい女性像を、「洋館に住むミステリアスな女主人」という設定で、子ども目線で切り取った。平林さんも京子ちゃんも、その道の第一線で活躍するプロ中のプロ。緊張と刺激をくれる、そんな女性たちと仕事をするのが、やっぱり好きなんだな。

『GINZA』2011年11月号別冊付録
©マガジンハウス

44. 中島編集長…2011〜2018年『GINZA』をリニューアルし、人気雑誌に押し上げた編集長、中島敏子さん。
45. AD…アートディレクターの略。
46. 平林さん…アートディレクターの平林奈緒美さん。雑誌『GINZA』、UNITED ARROWSなどのアートディレクション他、NTT DOCOMOパッケージデザイン、アーティストのジャケットデザインなどを手がける。国内外のデザイン賞受賞多数。

[アートディレクターという仕事]

amy_tatsubuchi 2024/01/17

アートディレクターの平林奈緒美さんとお仕事をして、雑誌（コンテンツデザイン）は、タイポグラフィ、ビジュアル、物の配置（ページにより写真の切り抜き、ものの組み合わせ、立体的に見せるための影イキ、角度）、白地の美学で息を吹き返すことを再認識。『Cut』の中島英樹さん、『BRUTUS』の藤本やすしさん、『GINZA』の平林奈緒美さん、名物 AD が牽引する雑誌作りをもう少しやってみたかった気も。特に日本語はデザインになりにくいから、日本人編集者はタイポグラフィの意識が低い。わかりやすいところでいえば、ファビアン・バロン[47]やダグ・ロイド[48]の洗練、リー・スウィリングハム[49]率いるロンドンのサバービア[50]のモダンでポップなデザイン……。忘れられない雑誌やキャンペーンは、写真はもちろんのこと、タイポグラフィの使い方による印象が大きい。コンテンツのコンセプトをベースに、つねに時代の気分を拾っていく AD を正しくキャスティングするって大事。いやいや、仕事も人生もキャスティング力こそ命！

47. ファビアン・バロン…ファッション業界でもっとも成功したといわれるアートディレクター。その伝説は90年代の『US ハーパーズ バザー』に始まり、ハイブランドのキャンペーン、時代を代表するアートブックや写真集まで。
48. ダグ・ロイド…トム・フォード時代のグッチのキャンペーンを生み出したことで有名な、クリエイティブディレクター。著名ブランドのキャンペーン、パッケージ、ブランディングを手がける。
49. リー・スウィリングハム…ロンドンを代表するクリエイティブエージェンシー、サバービアの設立者。
50. サバービア…ロンドンといえば、のクリエイティブエージェンシー。『UK ヴォーグ』、『ハーパーズ バザー』、『THE FACE』など、ヨーロッパのクリエイティブ発信基地。

[仕事もライフも、諦めない]

amy_tatsubuchi 2024/01/17

なんとか2011年あたりまできている、モード編集者日記。この後2011〜2012年『エル』編集部勤務、第二子出産、2013年『ハーパーズ バザー』創刊とバタバタの展開。2003年塚本政権スタートから2007年権之助坂の変までと2010-2012年あたりは、私の女侍スピリットがピークに達した時期。とくに出産後の後半期はもう一度肩の力が入った。働く女性にとっての子どもって、弁慶の泣き所、それでも「仕事ができなくなったって思われたくない」一心。だって私が憧れた海外のファッションエディターたちは、当然のように仕事もライフも、軽やかに手にいれてたではないか！と自分自身を鼓舞した。「両方諦めないでいこう」とひっそり誓って生きていた日々。孫が寂しい思いをするのではないかと危惧する義理の母に、「私は娘を専業主婦にしようと思って育ててません」とさらり告げる実母のありがたさよ。5人姉妹の母、3人姉妹の私、その私が産んだのは娘2人と、どーにもこーにも女系家族の我が家。私だって、本人が家事育児専念を希望しない限り、専業主婦にしようと思って娘を育てていない。まずは自分が娘たちにその背中を見せなくては。

[伝説の編集長 森明子さん]

amy_tatsubuchi 2024/01/18
女性誌編集長の仕事とは、コンテンツ制作指揮、スタッフの育成と管理、広告と販売などビジネスへの責任。ことモード誌の場合は、社交力があって広告を稼げる編集長ということはとても重要。日本雑誌史上において、もっともビジネスマインド溢れ、きっと誰より広告を稼いだ伝説の編集長、森明子さん。ミッソーニの遠藤美紀子さんが、「とりあえず本国からひとがきてディナーの場合、重要人物のお隣は森さんよ！」とおっしゃっていたが、グッとひとの懐に入るパワーの持ち主。Wikipediaによると、創刊直後の『WWDジャパン』編集に携わった後、『フィガロ ジャポン』の副編集長を経て、1996年から15年間『エル・ジャポン』の編集長を務め、2000年からエル・グループのディレクターとして出版している全雑誌に関わったとなっているから、流行通信社→『フィガロ』→『エル』→『ハーパーズ バザー』と、私とまるきり同じ経歴の大先輩。組織の駒として、私にチャンスをくれたのは塚本さんだけれど、私個人を登用してくれたのは森さん。そんな森さんからお誘いされて『エル』に入るわけだけれど、明日久々にお会いします。ドキドキ。

[いざ、『エル』編集部へ]

amy_tatsubuchi 2024/01/18

フリーランスでもやっていけるな、と思ったらすぐに、森編集長から「『エル』にこない？」とお声がかかる。せっかく女ピラミッド社会から足を洗ったというのに、またあそこに帰るのって、いかがなものか？ 強い女性の縦列に並ぶのって、もうよくないか？ 散々迷った挙句、最後にグイと背中を押したのは、「エイミー、これからの雑誌をビジネスとして学ぶなら、デジタルが強い『エル』がいいわよ。私のやり方もみときなさい」のひとことだった。そもそも、同じフランス系雑誌でありながら、『フィガロ』と『エル』のインターナショナル誌としての立ち位置は全く違う。デジタルが進んでいる『エル』で、数字意識を持って働いてみるのは、新しいチャレンジかもしれない。というわけで『エル・ジャポン』ファッション マーケティング ディレクターとして、2011年にハースト婦人画報社に入社。最前線で自ら誌面をを作ることは減らして、デスク業、広告との連携、イベントや付録の企画などにしばし追われることになる。添付は2011年4月号の『エル』。NYモード特集を担当したあれこれ。

©ELLE Japon

[『エル』幹部合宿]

amy_tatsubuchi 2024/01/19
森明子編集長の『エル』は、しっかりとした鉄の布陣で、城主の森さんの下に、マネージングエディター、副編集長、ディレクター陣が、黒田官兵衛はたまた竹中半兵衛のごとく、それぞれの持ち場を守っていた。森さんが狩りにでかけてしとめてくる案件が次々とふられ、時には「流れ矢に気をつけて！」と声をかけ合うイメージ😂😂😂 大きなフレームでふわっと物事を動かす森さんとディテールを自らすべて把握したい塚本さんは、全く正反対の編集長で、ともに大変勉強をさせていただきました。現場の編集者時代は、部数やページ単価、年間の売り上げくらいは頭に入っていたけれど、さらなる雑誌ビジネスの本質、特にモード雑誌ビジネスという点では、目線が変わったこの時期に学びがありました。箱根のハイアットリージェンシーで『エル』を考える幹部合宿の時には、もう、脳内『エル』漬けマックス😵『フィガロ』では絶対なかった、「雑誌ブランディングのプロセス」をみるいい機会だったと回想いたします。いま、2011年後半😊👍

[2人目、妊娠発覚]

amy_tatsubuchi 2024/01/21
2012年のお正月は、冬休みで家族とLAにいた。お腹が空いて空いて、不思議とトマトソースがおいしいこの感じ…。まさかと思ってチェックしたら妊娠発覚。子どもは2人欲しいと常々いっていた夫はハッピーだけど、私は「いまじゃないでしょ」な気持ち。夜中にNYの佳奈ちゃんに電話したら、「じゃあ、エイミーはいつがいいの？ 働いてたら、子どもっていつでもreadyじゃないよっ！」といわれ、さすが友よ、いいことというなぁ、と心に染みる。とりあえず先々の仕事の予定は入っているし、森さんはお休みしていた時期で、2月のミラノコレクションはどうしよう。悩んだ結果、「もしかしたら新しい編集長が来るかもしれないから、妊娠のことは隠してとりあえずミラノへGO!」ということに。（いま思えば、本当に無茶なことをしました。妊娠がわかったら上司と主治医に相談してくださいね）お腹を目立たなくする腹巻き、プラダやジルサンダーを中心としたコーディネートとハイヒール5足を持って、バタバタとミラノへ飛ぶ。『エル』からは私ひとりで、全フロントロウにお席あり。広告案件も抱え、Do my best! と、毎日ハイヒールを履き続けた。夜になるとお腹が張り、毎晩さすってって話しかけた🥺

[塚本さん、再び]

amy_tatsubuchi 2024/01/21
2012年AWのミラノは、ラフ・シモンズによるジルサンダーに話題沸騰。パステルトーンで織りなす、エレガントかつモダンなコレクションが目に焼きついた。そんな感動に浸る暇もなく、ミラノ出張前後のどこかで、ひと足先に『エル』新編集長の名前を告げられる。「エイミーにはいいにくいけれど、『フィガロ』にいらした塚本さん」。嘘のような本当の話。せっかく新しい気持ちで出直したはずが、なんともいえないこのいたちごっこ感。またあの朝まで残業な日々に逆戻りかと思いきや、数年間編集長を退かれていた塚本さんは、もう全コーディネートをみたりはしなかった。私からみたら、ずいぶんソフトでスパルタ感減。でも猛烈赤ペン先生は相変わらずだし、新卒で入社した奈帆ちゃんには、「おしゃれじゃないから社員証はずして！」って指令が飛ぶ。やっぱり『プラダを着た悪魔スピリット』は、どうにも燃え尽きることはないのでした😁

[妊娠はご内密]

amy_tatsubuchi 2024/01/22
2人以上出産した方ならおわかりいただけるかと思いますが、お腹がぐんぐん大きくなるのが早い！「しばらく妊娠のことはご内密に」と上司と秘密協定を交わしたものの、これはいったいどのタイミングで発表すればよいものか？ だいたいなんで内密ってことだったんだっけ？と思い悩みながらも時は過ぎ、百貨店タイアップのお見分け会立ち会いにて、気分が悪くなる。一日かけての商品チェックで、こちらはスタイリストさん、担当編集、デスクの私と広告担当。クライアント側はフロアごとの担当者がでたり入ったりでずっと立ちっぱなし。私は半日くらいでみるみる顔が青ざめ、一瞬しゃがんでしまったかもしれない。広告の小松さんが何かを察して、遠くから椅子を運んできてくれた。「もしかして妊娠？」と思ったらしいから、さすが子どもがいるひとは違う。弱っている時のひとの優しさって忘れませんね、胸いっぱい。ハースト[51]の男性は、歴代の強い女性編集長たちに鍛えられて、ジェントルマンが多い気が。普段からさっとドアを開けてくれたり、重い荷物を持ってくれたり…なかなか日本ではないよ、この感じ。小松さんありがとう🖤

51. ハースト…アメリカに本社を置く、情報、サービス、メディア事業を展開する(株)ハースト婦人画報社の略。『エル』、『ハーパーズ バザー』、『25ans』、『婦人画報』などの発行元。

[モード誌の裏側には、女たちの汗と涙あり]

amy_tatsubuchi 2024/01/23
泣いて笑って、キャリア早30年のモード編集者日記。そもそも、モード誌のファッション担当というお仕事と子育ては、最悪なマッチングなのでは？と振り返る。非日常の世界を演出するために遠出のロケ、海外出張、コーディネートや打ち合わせ、ブランドのパーティ、会食、ほとんど夜帯のものばかり。昼間は展示会、取材とコンテンツ制作、社内打ち合わせに追われ、保育園に入れたとしても、家族の協力やシッターさんなどの外注に頼らなければ絶対回らない。約35年のモード誌史上、キャリアと子育ての両立に踏み出した第一世代の私たち。当時の生き証人たち＝現『エル』のパートさん[52]に取材を重ねると、涙ぐましいエピソードが次々と。「あの時踏ん張ったから、いまも仕事があるんだよね」という点では意見一致、が、そこは本来ほどほどの踏ん張りでいきたいところ🥺 女たちの汗と涙が作りあげた日本モード誌の裏側を紐解いてみると、日本の女性史、生き方の変遷も垣間見ることができる。「でも、頑張った分は自分に返ってくるよ！ 返ってくるように生きてかないと！」と後進にはお伝えしたい♡

52. 現『エル』のパートさん…会社員として『エル』編集部を卒業後、フリーランスとして関わるスタッフたちの呼称。

[第二子妊娠公表]

amy_tatsubuchi 2024/01/23
そんなこんなで、第二子妊娠を公表したのは 4 月終わり。8 月には出産予定で、「変革期にお役に立たず申し訳ない」気持ちの女侍な私は、7 月末まで働いてしまう。翌年妊娠したあかねちゃんだって、出産 5 週間前まで富士山ロケにいったり、週 3 回夜中の 2 時に、ロケバスで抱き枕抱える仕事量で臨月を迎えたらしいから、本当によくぞ、ご無事でご出産なさいました😇 妊娠ラッシュの『エル』に「こうのとりがいるのなら追い払いたい！」という塚本さんの発言が話題になり、みなが震えたのが 2014 年（つい口にだしてしまえる時代でした。お許しを）。上司も部下も働くママに免疫がなく、日本全体、企業のコンプライアンスが未成熟だった。継続していた他の仕事もあり、あえて『エル』を契約にしていた私。「帰る場所も担保されていないのに、そんなに忠義を尽くす必要もなかったよね」と、休むと同時に、なんだか虚しい気持ちに。早めに休んで、お友達おすすめの海外出産とかしたほうがよかったのでは？私の女侍スピリットが、子どもと家族の可能性を狭めたのでは？と落ち込む。おつかれさまのお花が編集部から自宅に届いたが、受け取りを拒否😂の 2012 年夏。

[次女出産]

amy_tatsubuchi 2024/01/24

2012年8月2日に次女誕生。最初の出産後荒れた私を知っている夫は、「代わりに産んであげることはできないから」と、パリで腕時計を買ってきて必死に私を励ました。こんな時のプレゼントは、人生の目盛りを深くするのだなぁ、と痛み入る。自分の頑張りとは関係なく、出産や育児に振り回されるキャリアにはもう、うんざり。退院して帰宅すると、妹の存在を認められず、毎晩2〜3時間絶叫して暴れる長女が待っていた😂 孫ひとりの時は、手伝ってくれた母も、「ここは戦場みたい…」と言い残して早々に退散。愛する娘の癇癪をどうしてよいかわからず、母乳はとまり、夫と声をだして抱き合って泣く。満身創痍の私は40歳になろうとしていた。昼間は朗らかな長女が、夜には豹変していたなんとも辛い時期😂😂😂

[モードどころではない 2012 年暮れ]

amy_tatsubuchi 2024/01/25

思えば長女は赤ちゃんの時から神経質で、なかなか寝ないショートスリーパー。その上、バギーもチャイルドシートも全部嫌で大暴れ。みんなが当たり前にできることが、なぜうちの子はできないの?と嘆く私に夫がぽつり。「エイミー、ひとと違うっていいことだよ」。そうかもしれないけど、私は普通でいいから暴れない娘が欲しかった、と小児心療内科へ。「成長過程のよくある事例で、時間が解決するから黙ってそばにいればよい」との先生のアドバイスに頷いた。次女を妊娠している時に、「私たちの赤ちゃんよ」と長女への事前説明が不十分だったことも反省点と判明。迷ったり苦しい時はひとりで抱えないで、専門家に相談したほうがよい。しかし、予想以上に子どもひとりとふたりでは大違い😂 ひとりっ子育児であたふたしていた時の自分が小さくみえたから、人間のキャパって環境や本人次第で広げられるもの。怒涛の 2012 年も終わりに近づこうとしていた時、自宅に森明子さんがひょこり現れる。

[『ハーパーズ バザー』へのお誘い]

amy_tatsubuchi 2024/01/25
元『エル』編集長、森明子さんが訪ねてきたということは、きっと何か折り入った話があるということ。こちらだって、20年近く女侍やってるわけだから海千山千、鼻がきかないわけがない。お互い差し障りのない話から始めて、いつくるか、いつくるか、と探り合う時間が流れ、「エイミー、『ハーパーズ バザー』やらない？」って、いきなり担当直入に刺してくる。「あぁ、森さんって常に先陣斬り込み隊長😂😂😂 猛将、森さんが突破し開拓した領地を、いつも塚本さんが地ならしに現れるという、運命のいたずらよ…。またそんな茨の道をゆくというのですか？」と心の声。90年代の『ハーパーズ バザー』はモード誌のレジェンドだし大好きな雑誌、でもいまは無理。何より本国アメリカに比べて、富裕層の厚みが圧倒的に薄い我が国日本。さらに、経済力とインターナショナルなセンスが両立するバザーの読者って、かなりパイ小さくない？と一気に話して一旦お断り。その後も雑誌創刊に伴う編集長やファッションディレクター就任へのお誘いが、ぽろぽろきていたから、まだ雑誌ビジネスでひと儲けの気運がほのかにあった時代。そろそろ話は2013年に入ります。

[うっかり首を縦にふる]

amy_tatsubuchi 2024/01/26

『ハーパーズ バザー』創刊に際して何度も話し合いを重ね、リモートワークのない時代に森さんが提案してきたのは、週2、3回出勤。「モード誌創刊なんてもうこの先ないわよ」、「『エル』よりラグジュアリーで大人よ」…数々の誘い文句は、保育園にも入れていない乳飲み子を抱えたおつかれ母には、全く響かず。最終的に「もう、これはやるしかないな」と私を突き動かしたのは、当時の森さんそのものだと思う。体調が優れず『エル』の編集長交代となったから、そのままゆっくりされるのかと思いきや、古傷を甲冑で覆い再び騎乗せんとすお姿。最後の戦を有終の美で飾らんとの覚悟を感じ、「せめて創刊号はお手伝いせねば、女武士道に外れるのでは？」という心境に。結局、「この戦（創刊号）のみ、しんがりはお任せください」の気持ちで、うっかり首を縦にふる。私が働く間はシッターさんにきてもらうしかないので、ひとづてに長時間勤務可能な人材を探した。フィリピンから来日したばかりのジャスミン25歳を採用し、家事育児の引き継ぎ、お料理レシピを全部英語でノートに書いて、彼女と二人三脚人生がスタートする。

[創刊号、いざ開戦]

amy_tatsubuchi 2024/01/27

私が採用した25歳のシッター、ジャスミンは、生まれて間もない我が子をフィリピンの実母に預けて出稼ぎに。私は次女をジャスミンに預けて、再びモードの戦場へ。女たちはそれぞれの事情を抱えて相利共生の2013年。8月に出産して1月に復帰するまでに、家の体制を整えながら、お互いいっぱいいっぱいな夫とはお見苦しい夫婦喧嘩を連発。彼だって最高に忙しい時期だったから、過度な期待は危険を招く。長女の朝の送りは夫担当だし、週末も子どもと遊んでいるわけだから、もう十分、「やってくれていることに感謝」が夫婦円満の秘訣と気づき始めた頃。子どもをケアできる週数回の出勤だし、私が働くことでジャスミンという新しい雇用を生んでいることを誇りに思って、誰にも気兼ねなく働きたい。彼女の賃金を払ってしまうと、私のサラリーはほとんど手元に残らなかったけれど、そんな時期は一生は続かないだろうと、いまに集中して走ることに決めた。創刊は9月とゴール設定されていたから、なんとかそこまで家族も自分ももってほしい…、とまさに祈るような気持ちで、いざ開戦！

[バザースタイルと子育てのハイコントラスト]

amy_tatsubuchi 2024/01/28
海外雑誌の日本創刊は、どこも同じようなプロセスだと思うが、まずは本国が用意したブランドブックと見本誌を熟読。バザーの歴史、バザーらしさとは何か、やってよいこと悪いことを頭に入れる。ホワイトボードで森さんが教鞭をとる日もあれば、私が競合マッピングを描いたり、読者像および広告クライアントのターゲットを書き出す日もあり。媒体資料を作るために日本版コンセプトと広告のページ単価を決め、合間に編集部員面接、広告代理店や主要クライアントへのご挨拶で、最初の２ヶ月くらいはあっという間に過ぎた😂😂😂 ブランディングできない雑誌は生き残らないんだな、と当たり前のことを痛感。『エル』や『ヴォーグ』に比べ、いまいち日本で知名度の低い『ハーパーズ バザー』は、1867年NYで創刊の世界最古のファッション雑誌。キャロリン・ベセット＝ケネディ[53]が「週末はハンプトンだからー！」といいながら、使い古したバーキンにポンと一冊いれるなら、それこそが『ハーパーズ バザー』であるだろう。ファビュラス（最高に素敵！）なバザースタイルと子育てという現実が、なんともハイコントラストな日々。

53. キャロリン・ベセット＝ケネディ…アメリカ大統領、ジョン・F・ケネディの息子、ジョン・F・ケネディ・ジュニアの妻。90年代のファッションアイコン。(1966〜1999年)

[アートディレクター 石ちゃん]

amy_tatsubuchi 2024/01/29

『ハーパーズ バザー』日本創刊のいちばんの貢献者は、アートディレクターの石ちゃんこと、石井洋光かもしれない。NYに研修までいってバザーイズムを叩き込まれ、国に帰れば猛女たちが待ち受けるわけだから、さぞかしお辛かったことでしょう、といまさら労ってみる😜 企画の段階と本ちゃんレイアウトと2回にわたって、本国チェックに回していたような…。いやもっとかな🤭 とにかくアメリカにいろいろ送りまくっていた創刊号は、窓口がほとんど石ちゃん😂😂😂 洗練されたセンスは大前提で、語学力、猛女への耐性、強い意志、これらの条件を備えた彼だからこそ乗り越えた感あり。当時は頑固でレイアウト直しもなかなかしてくれなかったけど、才能ある人ってちょっぴりめんどくさいのよね。ちなみに彼は大学の同級生。蔦の絡まるあの校舎で同時期に青春を謳歌し、約20年の時を経てモード戦場で巡り合うとは…。合縁奇縁とはこういうことか。添付写真は大学同窓会（2015年）。石ちゃんを挟んで、左がスタイリストの大草直子ちゃん、右が私。

[2人の子を持つモード界の女王]

amy_tatsubuchi 2024/01/29
3月のパリコレ終了を待って、トレンド分析を始め、連載、リフト（海外版『ハーパーズ バザー』転載）、撮り下ろし、別冊付録内容を決めていく。リフトに関してはギリギリまで待つものと、すでに気になるものもいくつか。読み物のなかには、2012年に『US バザー』のグローバル・ファッション・ディレクターに就任した、カリーヌ・ロワトフェルドに関する企画も。仏版『エル』エディター→仏版『ヴォーグ』編集長→『US バザー』というモード界の女王さま。その彼女を追いかけたドキュメンタリーが公開！というタイミングで、たしか映画会社から話がきたような。ご本人に何度も取材したことのある、元『フィガロ』パリ支局長の村上さんに連絡を取って、さくさく原稿を書いていただく。初稿を読んで考える。1954年生まれのカリーヌは、一流のキャリアを積みながら、「いつだって2人の子どものことを、最優先してきたわ」と語る。革命を起こすかの国、フランスの底力よ、女性の生き方が20年くらい進んでいるんだという印象。原稿には小鳥のようにほんの少ししか食事をとらない、と書いてあった🥺

[ジェンダー・ギャップ指数ランキング125位!?]

amy_tatsubuchi 2024/01/30

カリーヌの記事に考えた2013年から早10年。2023年に発表されたジェンダー・ギャップ指数ランキングでは、フランス40位、アメリカ43位、そして日本は驚きの125位😨 僅差で中東ヨルダンが迫る、この状況…。経済参画、政治参画、健康、教育の4つのポイントで計測するわけだけれど、後者2つに関しては、日本は世界トップレベル。女性の経済および政治参画が立ち遅れ、社会進出も進まないという悲しい数値。団塊ジュニアの私世代は、働くママへの過渡期で、あっさりキャリアを諦め専業主婦になる友人もまだまだいた。で、いま50代。子どもが大きくなって、何かしようとしても、お仕事筋力が退化してなかなか実現しないのが現実。夫ラブ、家事大好きなひとはハッピーだけれど、そんなのほんとに稀。踏ん張ってキャリアを継続するか、お休みするなら筋力退化しない数年、もしくは両立できる何かにシフトするか？ 経済的インディペンデンスなしに精神的インディペンデンスも難しいし、娘たちや、かわいい後輩、いま悩んでいる次世代女性のみなさんには、自分を諦めないで生きてほしい。ジェンダー・ギャップは社会や男性だけでなく、女性自身の意識が作り出すものだから。

[ジャスミンのおかげ]

amy_tatsubuchi 2024/01/31
ジェンダー・ギャップの話になったついでに、お世話になったシッターさん、ジャスミンの母国はどんなものかとチェックする。フィリピンは、あぁ、やっぱり！の16位。発展目覚ましい東南アジアの国々は、出稼ぎ組だけでなく、その国内で女性が社会人として大活躍しているのだ。約3年間お世話になり、いまもたまに連絡を取り合うジャスミン。他人に長時間家をお任せすると、お皿を割ったりお鍋を焦がしたりいろいろあるんだけれど、大切なことは子どもが怪我せずハッピーなこと。長女の時は神経質だった私も、2番目にはなんとなくゆるくなり、なるべく「ありがとう」と「うれしい」を多用してお付き合い。何かミスがあった時は「残念」と「悲しい」かな。この時期私が働けたのは、信頼できる彼女に出会えたおかげ。他人を信じることにも学びがありました。添付は当時1日1回送られてきていた、ジャスミンからの写真。季節と彼女の若々しさが感じられる、SAKURAエディット😊🌸「エイミーからのお給料でフィリピンの家族に車を買ったのよ。私の叔母さんは、日本の出稼ぎで家を建てたからね。私も頑張らないと！」とジャスミンは語る。かっこいい！

[本国ディレクター来日]

amy_tatsubuchi 2024/02/01
ついつい話がジェンダー・ギャップに寄り道し、うっかり長居のモード編集者日記。この調子では一生かかっても連載が終わらない😨💦😨💦😨💦 そそくさと2013年夏にいまいちど帰ります。『ハーパーズ バザー』創刊号追い上げとその先の号の企画もちらほらでて、毎日出社しないと追いつかなくなってきた頃。ウォールチェックにアメリカ本国から、ディレクターが来日した。ウォールチェックとは初校を台割に沿って壁一面に張り出し、各企画の出来や全体のバランスやチェックする関門。映画『ファッションが教えてくれること』でアナ・ウィンターが、出来上がったものをひっくり返すシーン、あれがまさしくウォールチェックです。世界約30ヶ国で出版されている『ハーパーズ バザー』には、各国のクォリティに目を光らせるディレクターがいて、彼女がアートディレクター男性1名を引き連れ、青山のオフィスにババーンと登場😎

[祝・『ハーパーズ バザー』創刊！]

amy_tatsubuchi 2024/02/02
海外雑誌創刊の最後の山となる本国チェック。メールでのやりとりでは感じられない、独特の圧をもってして台割（ページの順番）からタイトルのいれ方まで、アメリカ人2人が次々と変えていく。マシュー・ブルックス[54]に撮り下ろしてもらったモノクロの写真を「これはブラック＆ホワイトのライティングじゃない！」と本国ADがいい始め、必死に説き伏せたり、タイアップページの考え方で議論白熱の時もあれば、最後のほうはぐったりしてきて、テーブルを囲んで「ちーん」とお通夜のようなムードに。いざ、やり直し作業に入ったら、今度は長女がお熱😭 ジャスミンは次女を担当しているし、夫は海外出張で私が病院に連れていくしかない。子どもってたまに絶妙なタイミングで具合が悪くなる😭 朝いち校正をどうしても戻さねばならず、やむなく長女を抱っこして出社したら、なんと嘔吐！しかも編集部の中村昭子ちゃんが、とっさに差し出した手のひらで😭😭😭 2013年9月20日『ハーパーズ バザー』創刊。ラグジュアリーで知的、世界基準のファビュラス（最高に素敵！）な女性たちへ。つ、つかれた。

©Harper's BAZAAR

54. マシュー・ブルックス…イギリス生まれ、パリ＆NYベースのフォトグラファー。『ヴァニティフェア』、『ロフィシェル』などの雑誌や広告で活躍。セレブリティのモノクロポートレートに定評あり。

[フリーランスエディターへ]

amy_tatsubuchi 2024/02/02

2013年後半には、2歳8ヶ月の長女を保育園からプリスクール[55]に動かした。当時住んでいた坂の上のマンションのお隣は、日本を代表するお受験幼稚園。お友達のご紹介で下見にいくも、入った瞬間のコンサバ感に「これはうちは無理だわねぇ」とあっさり退散。2012〜2013年前半で、仕事の合間にプリスクールを12校下見し、そっち方向へ教育の舵を切る。そこまで下見する必要もなかったけれど、未知の世界にワクワク、好奇心がアポ取りの手を駆動する。「ここまで働いたんだから、私のキャリアはどうにかなるでしょ。娘たちの教育の地固めは後から取り返せないよ」と自分に言い聞かせ固い決意をもって、フリーランスエディターに戻る。プリスクールの毎日のお弁当づくり、14時20分のお迎えというママっぽい新鮮な生活サイクルが加わり、自分のフェーズがゆるやかに変わってゆくのを感じた。とはいえ年末には長女のパスポートをなくして、家族旅行をキャンセルしたりで相変わらずドタバタ😭「早く大きくなってね」と子どもたちの寝顔に話しかけ、2014年に突入してゆく。

55. プリスクール…未就学児を対象に英語で保育を行う施設。

Chapter 3

[第 3 章]

キャリアしゃがみ期

2014-2016

The Patience.

[子ども優先の 2014〜2016 年]

amy_tatsubuchi 2024/02/03
ここで 2013 年までを一旦総括。この日記の 1 章と 2 章は、雑誌業界はまさに女関ケ原の合戦さなかにて、戦場にコンプライアンスなんてない。ムードが徐々に変わっていくのを感じたのは、2015 年に過労死問題が大きく報道されて以降のように思う。2019 年には働き方改革関連法が施行。セクハラ、パワハラ、モラハラに対して厳しい令和の世に、時の移ろいを感じる脱藩女侍の私。ズームミーティングやリモートワークだってあるいま、日本の女性たちはスマホを駆使して、迷いながらも仕事とプライベートを両輪で走らせることができるようになったはず。もはやワークライフバランスの悪い猛烈仕事人の女侍は、絶滅危惧種でありましょう。よかった😌 さて、2014 年から 2016 年夏までは、本来の自分の仕事力を 100 とするなら、35% くらいに抑え、小さな子どもたちを優先して生きた時期。ただしここで仕事を全くやめてしまっていたら、いまの自分はなかったと思います。一旦しゃがんでまたジャンプ！ いろんな女性との出会いがあり、後の糧としたこのしゃがみ期がモード編集者日記第 3 章。ゆっくり紐解いてまいります。

[プリスクールでの出会い]

amy_tatsubuchi 2024/02/04
娘を通わせたプリスクールでは、若いママたちがキラキラ眩しかった。「一体全体、どうやったら朝からあんなにきれいにできるのだろう？」と不思議。私は顔の寝あとがなかなかとれない、高齢出産おつかれママ😅 プリスクールは発表会、お誕生日会、遠足、ベークセールなど親参加の行事が多い。14 時 20 分のお迎えを目指すと、仕事を抑えているとはいえ相変わらず余裕がなく、当然そこからはみ出る日も😅 保育園に入れた次女のピックアップもあるから、午後からシッターのジャスミンと娘たちそれぞれのお迎え、長女の習い事や同伴プレイデート[56]をその日のスケジュールによって分担した。時間的制約は発生したけれど、あのプリスクールに通わせてよかったことのひとつは、いまもお付き合いの続く何人かの友人。例えば長い手足にいつも完璧な装いの麗安ちゃん。聞けば外資金融からアパレルに転職、時短で働いても子育てとの両立に限界を感じ、お仕事お休み時期だった。数年後には新しい教育を考えるウェブメディア、Bright Choice[57]を立ち上げたから有言実行、立派です。これより「女性の生き方」を考察し始めた、40 代前半の話を展開いたします。

56. 同伴プレイデート…親が時間と場所を決めて、子どもたちを遊ばせること。
57. Bright Choice…新しい教育を考える国際教育サイト。ブライトチョイス
https://brightchoice.jp

[結婚はゴールじゃない!?]

amy_tatsubuchi 2024/02/05

もともとファッション、写真、雑誌が好きでモード編集者になった私。自分自身が40代に入ると、ファッションは女性の自己表現としてのツールにしか過ぎず、本当の自分の興味は女性の生き方にあるのだと気づいてきた。ママ友とランチをたまにすれば、「毎晩小鉢が8品ないと、パパの機嫌が悪くって…」との衝撃発言に耳ダンボ。「この世にパラダイスはないのよっ！」というのは、『エル』当時の森明子編集長の名言だけど、さもありなん。そういえば『フィガロ』時代の同僚、門倉なっちゃんは、深夜残業中にパンプスを脱いでパソコンに向かいながら、「もうやだぁ、結婚したーいっ！」って叫んでいたなぁ。結婚してインド（その後マレーシア）に渡ったなっちゃん、お元気かしら？「なっちゃん、結婚はゴールじゃなかったね」と脳内一方通行フォンコール。子育てってきちんとやって当たり前、仕事みたいに短期で結果もでないし、単調で孤独な作業が多く、仕事のほうがある意味楽に思える日も多々。そんなプリスクールの生活に慣れた頃、女優の長谷川京子ちゃんと久々にキャッチアップランチをしようということに。

[京子ちゃんと過ごした日々]

amy_tatsubuchi 2024/02/06
独身時代から一緒に遊んでいた長谷川京子ちゃんは、第一子、第二子とも同じような時期に出産。とはいえハセキョーさんですから、裏方立場のこちらとしては気を遣うお友達で、ともに母になってからのほうが本音で話せる感じがした。久しぶりのランチで「最近どう？」って仕事や子育ての悩みを共有しながら、「新しいこと始めようか？」という流れに。せっかく私もフリーに戻ったし、一緒に雑誌で連載撮影しよう！と盛りあがり、いまはなきある女性誌で「長谷川京子の私服日記」を開始。京子ちゃんの定番私服をベースに、新しいトレンドアイテムはリースして、今シーズンのコーディネート提案というリアリティのある企画。企画書から作って実現した連載は、タイトルに日記がついているところがまた感慨深い。この10年後にはまさか自分史日記をしたためているとは、思いもよらなかったことでありましょう。約1年半くらい続いた連載のために、毎月彼女の自宅に通って打ち合わせ。年下の女性から初めて刺激を受け、表で勝負するひとの覚悟も知った、京子ちゃんと過ごした日々。いまもけっして色褪せることはない大切な思い出です。ありがとう🖤

[華やかな彼女の裏の努力]

amy_tatsubuchi 2024/02/07
FB誕生は2004年、IGの登場が2010年、SNSによってセレブのライフスタイルはつまびらかになってきた。しかしながらそれらは「みせたい自分をみせる場所で、本当の姿はわからない」というのがキャスティングも仕事である私の意見。長谷川京子ちゃんは、誠実な性格をよく表している整理整頓されたワードローブの持主で、大切に物を管理していた。打ち合わせ中には美容によいクコの実を食し、身体が冷えぬよう腹巻きをして温かいお茶を好んだ。美人は習慣が作るんだと興味津々。台本をおぼえたり、ストイックにトレーニングしなければならない仕事の一方で、目の前には小さな子どもが2人。たくさんおいしい手作りのご飯を作っていたなぁ。スタイリストさんの搬入が夕方で、私は長女をピックアップして、彼女の自宅へ打ち合わせに直行。子ども同士を遊ばせている間に必死にコーディネートを組む。夕飯準備と重なり大変だっただろう、と思い出すのは華やかな彼女の裏の努力ばかり。それでも自分のやりたい仕事を諦めずに、懸命に環境を整えていく姿に感動。私は最初から線を引いて、限界を設定している生活をしていたから。京子ちゃんが眩しく、大きくみえました。

[スタイリスト長澤実香ちゃん]

amy_tatsubuchi 2024/02/08
なんとなくマンネリを感じていたモード誌の仕事より、2014〜2015年は長谷川京子ちゃんとの連載が楽しかった。仕事もプライベートも、何かひとつ毎年新しいことをしよう！と意識し始めたのは、このことがきっかけだったと記憶しております。京子ちゃんの紹介で一緒にお仕事をするようになったのが、スタイリストの長澤実香ちゃん。連載に必要な「モードコンサバ感」は彼女がまさにぴったり。実香ちゃんって感性を言語化することに長けていて、なぜこれ（もしくはこのひと）が素敵かということを滔々と語るのがおもしろい。しかも私がその時々に必要そうなひとをさらっと紹介してくれたり、不意においしいものを送ってくれたり、押しつけがましくなく春風のようなさわやかな優しさ。高齢出産でたて続けに男の子2人を授かり、体力的にも大変だったはず。そんな時期を踏ん張って、いまではモードもコンサバも自由往来、女優さんたちの信頼も厚く唯一無二の存在に！ 彼女をみていると、「人生のピークは後半のほうがいいんだな」と高齢化社会の女の生き様を考えるのでありました。

[キャリアと出産について]

amy_tatsubuchi 2024/02/08

ジェンダーイクオリティの観点から、女優を俳優と表記する昨今。令和の寂聴のごとく、女性の生き方を考えるこの日記では、あえて女優という表記でまいります。さて、実香ちゃんの40代出産の話ついでに、キャリアと出産をしばし考察。キャリアのピークは人生の後半に差しかかる40代、50代あたりにひと山欲しいけれど、出産はできれば30代半ばには済ませておいたほうがよい。さまざまなリスクが高まるし、子育て体力が断然違うことを実感済み。そんなにうまくいかないのが人生なのは承知の上、後進のみなさまにはやはり、伝言申し上げたい。社会人として何も実績のない、若い出産もそれまたリスク。同年代の独身女性と比べてパフォーマンスで見劣りするし、遊びたい自分もいることでしょう。と考えると、いい感じなのは29から35あたりか、ってピンポイント😅 では実績とは何か？ いくつかの成功体験、社会で応援してくれる味方を作ることではないか？「長谷川京子の私服日記」では、豪華フォトグラファー陣をラインナップ。実績評価とフリーの自分を応援してもらえたと感謝しております。「流した汗は嘘をつかない」とは横綱千代の富士の遺した格言、まさにその気分。

[現場編集者としての幕引き]

amy_tatsubuchi 2024/02/09
40代前半の私は、「現場の編集者として、やりたいことはすべてやった」ということに気づき始めていた。長谷川京子ちゃんの連載は、京子ちゃん自身に興味があるからやりがいがあるけれど…。ふと、働きたい時間、欲しい収入、望ましいライフスタイル（週4仕事、週末休み、朝型、夏休みは3週間）など、重要な3つのポイントを書き出してみる。このままフリーの編集者では、実現しないのは明確。いま舵を切らねばずるずるいってしまいそうで、単発依頼の2社からの仕事を年契約のブランドコンサルタント業にシフト。内容はカタログ撮影やリリース作成、商品パッケージデザイン、PRやイベント企画などなど。広告以外の編集者としての仕事は縮小していこう、お世話になったフォトグラファーにお別れを告げるような気持ちで毎回連載撮影をした😄 撮影後に「さよなら」っていうのも変すぎるから、フォトグラファーの背中をみつめ小さく合掌、おかしな行動を繰り返す。横浪修、戎康友（えびす）、岡本充男、松原博子、TISCH、荒井俊哉…、書ききれない素晴らしいフォトグラファーのみなさま総登場。

[この時期の夫は!?]

amy_tatsubuchi 2024/02/10

2014〜2016年夏までの第3章。女の生き方を考え始めた時期に、うちの夫はどんな感じでしたっけ？と写真を見直してみる。朝の子どもたちの送りはマストジョブ、プリスクールのピックアップやイレギュラーなお休みもたまに夫が担当。週末はがっつり子どもと一緒に過ごしていたから、彼が年8回くらい海外出張へ出かける時は憂鬱だった。「あなたが何の心配もなく働けるのは、私が二歩も三歩も一時的に後ろに下がってあげてるからよ。あなたは生きてるんじゃなくて、私の手のひらの上で生かされてるの！」って、悪態をついた自分を思い出す😂😂😂「おまえは細木数子かっ！」ってプンプンいい返してきたけれど、結婚10年あたりから、喧嘩もしなくなった気が…。相手が嫌がること、これ以上は踏み込んではいけないラインをお互いわきまえるようになってきたのかな。長女4歳のお誕生日に向けて、子ども部屋を夜鍋して内緒で手作りしたり、クリスマスにはドルガバ[58]のドレスを娘たちに用意したり、乙女で子煩悩な彼。家族写真で私をトリミングしがちなのは気になる点だけれど、「お互いこの時期頑張ったね！」と健闘を讃え合いたい。

58. ドルガバ…イタリアブランド、ドルチェ&ガッバーナの略称。

Photo Album
#愛のメモリーズ　#家族編

1. 2010年長女1歳、メキシコ旅にて。　**2, 3.** 2020年コロナ期に犬を飼う。
4. 2012年長女の癇癪期、ぐったりの七五三。　**5, 6.** 週末や短い休みは、自然遊びや母娘旅へ。
7, 8. コロナ禍直前の冬休みはドバイ旅行。

[夫婦力の試練]

amy_tatsubuchi 2024/02/10
若い頃は、物質的な豊かさや、パートナー、子どもや友人などの人的財産などを、たくさん手に入れていることが幸せにみえる。「いや、そうとも限らない」と気づいた時からが真の大人への入り口かもしれません。手にするものの数が多いほど、手間ひまもストレスも増加。子どもがいない幸せもあるし、独身だからこそ成し得た偉業もありましょう。長くひとりでいると、それが心地よいというパターンも。頼まれてもいないのに、「誰かいい人を紹介するから！」というのは時として無粋であり、この世にはパートナーがいなくとも幸せなひとがいるので要注意。と前置きをしながら私の場合。子ども1人と思っていたのに、2人でキャパオーバー。妊娠、出産から子どもが小さい育児期は、夫婦力の試練。喧嘩、浮気、セックスレス、離婚、この時期の夫婦は、さまざまなリスクと戦うはず。長女出産の2009年から2015年までが、私たち夫婦力の筋トレはピーク。2016年には私の母娘旅プロジェクトが始まり、夫の拘束時間短縮に成功。「私と結婚してよかったでしょ？」が口癖で、食事を作れば食べる前から「おいしいでしょ？」と、恩着せがましい妻だけれど、彼の自由を確保することにした。

[人生を充実させるためのキャスティング]

amy_tatsubuchi 2024/02/11

独身、子なし夫婦、子あり家族、どんな形態であれ、限られた人生、より楽しく充実させるには、そこに誰を登場させるかのキャスティングが重要。子どもが小さい時は、私、シッターのジャスミン、妹たち、夫、の他にママ友の存在が大きかった。女ピラミッド社会では、下の子を厳しく押さえつける指導だったから、美奈とのお付き合いは日々目から鱗。彼女は日系アメリカ人。長女がプリスクールで同級生ゆえに遠足で知り合うんだけれど、同じ日にフィリップ・リムを囲むSUSHI会食があり、着替えて座ったら隣は美奈。彼女はある会社の元役員で、PRやマネージメントという近しい業界のひとだから、あっという間に仲良くなる。年下の子をおもしろがって応援するスタイルは、美奈に学びました。公園で子どもを一緒に遊ばせていて、危ないことをしても彼女は包容力をもってして抱きしめ制していた。たくさんのことを教えてくれてありがとう、いろんなところに一緒に行ってくれてありがとう、いつも助けてくれてありがとう。江戸時代の町屋のように、助け合えるコミュニティ作りがキャリアと私生活両輪を走らせるには必要。

[大草直子ちゃんとのキャッチアップ]

amy_tatsubuchi 2024/02/12

2015年は次女を保育園からプリスクールに移し、長女はプリスクールからキンダーへ。2人のピックアップ時間が微妙にずれていて習い事も違うし、どちらかのお迎えを妹かシッターさんにお願いしたりしながら、それでもなるべくお迎えまでに仕事を終わらせるよう組み立てた。次女は3歳。姉妹喧嘩が始まり、激化の一途をたどる。長女ほどではないが、次女にも癇癪の気配がうっすら漂う様子に嫌な予感…。仕事を抑えたキャリアプラン見直し期には、アドバイスをくれそうなひとにも定期的に会うよう心がけた。大学時代の同級生、スタイリストの大草直子ちゃんにも相談。彼女は人気編集部に就職できたのに、あっさり5年で辞めてフリーになり、結婚2回に子ども3人。「これは違うな」って思ったら、いつまでもグダグダいってないで、さっさと場面の切り替えが早いのだ。展開力の違いを感じさせる、ポジティブな生き様にひれ伏す思い。直ちゃんの組織作りも参考になる。「自分でなくてはだめなことと、自分でなくてもよいこと」をいまいちど見直そう！と決意。私の潜伏期間は、そろそろ終わろうとしていた。

[2016年春、一本の電話]

amy_tatsubuchi 2024/02/13
2015年の年末年始は、アリゾナのツーソンとLAを家族でウロウロ。砂漠とサボテンの街、ツーソンで「自分でなくてはだめなこと、自分でなくてもよいこと」をリストアップ。プライベート編と仕事編と分けて、時間の使い方を見直す。収入を増やしてアシスタントを雇い、シッターに週3回はお迎えをお願いする方針を固めた。単純な事務作業、お掃除やお料理の下準備は私でなくてもよいことに仕分ける。そうして迎えた、抑えていた仕事力を徐々に右肩上がりにした2016年春。懐かしい方から一本の電話が。『エル』の名将、副編集長の松井朝子さん。いつも気持ちが安定してらして、辛い状況も笑いに変えられる先輩から、「エイミー、『エル』に帰ってこない？」って単刀直入。あれ？ 私がそちらを脱藩してからもうすぐ4年。いまさらお役に立つことありましょうか？ と疑念を抱きつつ、とりあえず久々の拝謁に青山に向かう。いつもいきなりの電話か、知人を通してのラインやメールでお仕事がくるのは、私たちの業界ならでは。試しに転職エージェントに一度自分の望む条件をいれてみたら、一件もヒットしなかった🌀🌀🌀 もう、道なき道を突き進むしかない。

[再び『エル』と契約]

amy_tatsubuchi 2024/02/14
久々に『エル』に向かうエレベーターの中で、ピンクヘアの活きのよい辻史奈ちゃん（呼称・辻ちゃん）を発見。新世代編集者の台頭を感じ、目の端っこでジロジロ観察。いいね！と話しかけたいがグッと我慢。いざ打ち合わせに入ると、なんだかいろいろ懐かしくなってしまった。モード誌編集部独特の、せっかちで少しキツめなやりとりも、松井さんの笑い声もぜんぶぜんぶ。「久しぶりの同窓会で、昔の彼とやけぼっくいに火がつく時って、こんな気持ちなのか？」と思ったり。「森さんからどんどんくる転送メールには、いつも要件が書かれてなくて指令と意図を解読してたなぁ」とフラッシュバック。目の前の打ち合わせ内容とは関係のないことが、次々と浮かんでは消える。そもそも私は集団行動が得意ではないのだけれど、頑張り屋な女性に心打たれてしまうという事実を再認識。あれよあれよという間に、夏休み後に『エル』と契約という運びとなる。ただし同じことの繰り返しは嫌だったので、いま抱えている他の仕事と並行して必要な時に随時出社。入社と退社を繰り返した私に再びお声がけいただいたのだから、その気持ちにお応えせねば！眠っていた女侍スピリットが湧き上がったのやもしれない。

[ヘアアーティスト 加茂克也さん]

amy_tatsubuchi 2024/02/14
全6章および若者考察の番外編で構成したい、モード編集者日記。第3章が予想以上に長くなっており、ちょい早足で巻いていきたい。章の幕引きに向かって触れておきたい方がひとり。それは世界的ヘアアーティストの加茂克也さん。2015〜2016年は加茂さんがプロップアーティストとして誌面を作る、ファッションストーリーの編集を担当した。彼のアトリエに通って、おびただしい量のヘッドピースとアート作品にただただ驚く。つくりたい衝動が作家を駆り立てると理解。仕事でも案件でもなく、真のクリエイターとは衝動が積み重なって信念となることを知る。2020年に若くしてお亡くなりになるまで、生きることは創造することだった加茂さん。型に囚われたり批判ばかりしていては、一生停滞。誰にどう思われてもいい、つくりたい、撮りたい、歌いたい、踊りたい、描きたい、書きたい。編集者としてたくさんの文章を書いてきた私ではあるが、そこには書かなければいけないことがあり、技術と落とし所も熟知しているのでどうにでもなる。加茂さんとはレベルの違いはあれど、私はいま書きたい衝動というものに、初めて駆られているのかもしれない。

［消えぬ女侍スピリット］

amy_tatsubuchi 2024/02/16
2016年に雑誌編集者として撮影現場で指揮をとることをやめ、『エル』のディレクター業、コンサルタント業を並走させるスタイルにした私。クリエイティブにこだわればこだわるほど、雑誌の撮影は時間も気持ちも大量消費。その余力は自分の人生にはもうないし、なにしろ完全燃焼！ やりきった！ 私の代わりがいくらでもいることも思い知ったではないか。大好きなモード誌を作るこれからの後進たちを支え、応援していく立場で関わろう。と新しいスタートに向けて書類を整理すれど、懐かしの手書きラフが愛しくてやはりどうしても捨てられない。ラフに思いを込めて懸命だった日々。「ママにもしものことがあったら、シャネルを着せて、真っ赤なリップを塗って、キャッツアイのサングラスをかけさせてね。手元にはダイヤをひと粒。ついでにこのラフも棺にいれといて」とあまり当てにならなさそうな娘たちに伝えておく。ラフとともにこの世を去ろうとするのが、なんともいえない女侍スピリット😂😂😂 2016年夏、モード編集者日記第3章終了。先はまだまだ長い、いけるかな、私😂

Chapter 4

[第4章]
再び立ち上がる
2016-2019

The Challenge.

[新しい働き方を追求 ママと女子旅プロジェクト]

amy_tatsubuchi 2024/02/17

2016年後半から2020年コロナ禍前までがモード編集者日記第4章。子ども2人を抱えて、新しい働き方を精一杯追求した。月曜日と木曜日は、朝5時30分起床、8時30分から夜までパンパンに仕事をいれる。一度家に帰ってしまうとでかけにくいムードになったり、オンの気持ちが途切れてしまうので、会食で着替えが必要な場合は自宅地下の駐車場。車のトランクに着替えをセットしてチェンジ。火曜と水曜日は子どもたちにアフタースクールをつけて、お迎えまでの時間に仕事。金曜日は半日働き、半分は自分メンテナンスに充てる。平日は会食以外は基本ランチをスキップ。土日は姉妹喧嘩に耐えられず、ドッグランに犬を放つかのごとく、やれキャンプだ、公園だ、サーフィンだと毎週末アクティブ。忙しい夫と予定を合わせることに見切りをつけ、リサーチ、予約、スケジュール段取り、お支払いまで私の「ママと女子旅プロジェクト」をスタートさせた。業界の先輩に「遊びまくってるって思われてるから、気をつけたほうがいいよ！」ってご注意を受けたことがあるが、家庭の事情を他人に説明するのもせんなきこと。あの週末と女子旅の時間は、私の人生の記録と記憶に燦々と輝いている。

[4年ぶりの『エル』編集部]

amy_tatsubuchi 2024/02/18
4年ぶりの『エル』編集部は紙とデジタルが密接になって、ずいぶんと雰囲気が変わっているような感じがした。忙しくてワサワサしているのは相変わらずなんだけれど、ピリピリしてないの。それって編集長の個性なのか、自分が年をとったということなのか？ 少し年上の編集長の坂井さんは、2人の子どもを育てた先輩。「先人なき険しい道、さぞやお辛かったことでしょう」といまだからわかる大変さ。坂井さんが感情的に怒ったり、テンパったりしたとこってみたことないなぁ。さっそくあがってくる原稿のなかで、ふと目に留まったのはマイケル・コースのインタビュー。「ぼくの洋服を着てくれるブレイク・ライヴリーやケイト・ハドソンたちは、ぼくよりたくさん旅をして、仕事をして、家の管理をする。さらに子どものお迎えにもかけつけるんだよ。そういう彼女たちのことグラマラス・ジャグラー（曲芸師）って呼んでるんだ」。くぅーっ、それっていいネーミング、成功するデザイナーってやっぱり時代の語りべ、名言持ち😂😂😂とそこの部分だけ写メを撮る。2016年秋、グラマラスではないがジャグラーな私の挑戦は始まったばかり。

[誰よりも女侍な裕子ちゃん]

amy_tatsubuchi 2024/02/19

2016年は私にとって変化の年だった。2008年結婚、2012年次女出産からの2016年は、私的働き方改革。自分の節目はやっぱり4年ごとなのかも？ この年の秋ミラノコレクション中に、某ラグジュアリーブランドPRの大島裕子ちゃんが、長谷川京子ちゃんをアサインして『エル』チームでイタリア撮影。デスクとして東京から見守りながら、だいぶ2人に先をいかれちゃったなと置いてけぼり感。彼女たちは私と同じ2人の子持ちながら最前線、子どもを置いての海外出張は大わらわでありましょう。なかでも私が知る限りのひとで、誰よりずっと女侍なのは裕子ちゃん。フルタイムのディレクター職、海外出張もバンバンいって、お受験、お弁当づくりをハンドルしながら、夫婦ともにご活躍。あえて7割の「ほどほど女侍」な私に対して100％完全燃焼！ 仕事のやりとりで熱くなって、夜中に2時間電話で討論したこともありましたっけ😄 裕子ちゃんをはじめ、20〜30代、現場でともに戦ったのは、編集者だけでなくPRの女性たちも！ みんな偉くなって、何かあったら電話一本で話がつくと、年をとるのって悪くないなと思う。添付は裕子ちゃんが海外出張にいく際の日にち別子どもセット。必死！

[ワーママを取り巻く環境]

amy_tatsubuchi 2024/02/21
フルタイムでバリバリ働きながら、子どものお受験に挑んだ裕子ちゃんには驚きのエピソードが多々。出勤前には子どもと一緒にお受験対策のお勉強。幼稚園合格後は、お迎えがママでないとだめだから、昼休みに銀座を抜けて九段下で息子をピックアップ。永田町待ち合わせのシッターさんにバトンタッチ、オフィスに帰る。帰宅後はドリルを一緒にやって、お弁当や工作、先生へのお手紙などすべて手づくり。社会では性差なく働き、学校からの要求には母親が応えねばならないから、お受験ワーママを取り巻く環境は厳しい。例えばフランスみたいに、安価な託児所がもっと充実していたり、近所のひととシッターをパートナージュ（折半）する習慣があれば？北欧のように公立のインターナショナルスクールがあると、教育選択の幅はもっと広がるのではないか？ 香港だったら住み込みシッターは特権階級だけでなく、ミドルクラスだってごく普通。あれやこれやと頼まれてもいないのに、次世代のために育児改革案を考えてしまう私。せめて父親やナニーのお迎えなんて当然で、母親たちが後ろめたい気持ちにならなくてすむ、多様性を認める社会になってほしい。添付写真は裕子ちゃんの手づくりと溢れ出る思い出たち。

[Who am I?]

amy_tatsubuchi 2024/02/21

2016年秋の横浪修さんの写真展は忘れられない。忙しい合間にコツコツ作家活動を続け、無垢な少女の生命力を表現した「Assembly」シリーズ。仕事上の立場とはいえ、彼にあれこれ注文をつけた若い頃の自分を恥ずかしく思い出す。「何者でもないひとのほうがひとを批評して偉そうなんだな」とぼんやり考える。12月には長女の7歳のお誕生日会をママ友と手づくりで開催、手間ひまを惜しまない彼女たちの優しさに感激。根っこがコンサバな私は、自分が働いていることで娘たちに寂しい思いをさせたくない、と行事や休日の過ごし方のハードルをあげていた。2016〜2020年の第4章期は、子どもと一緒のアクティビティと女子旅もピーク。週末の長距離ドライブで疲れてメイクも落とさず、そのままリビングで寝ちゃったり、でも翌日には5時30分起床。もはや己への挑戦という感じか😂 たまによいという夫がこの頃ぽろり。「頑張ったことのほうが記憶に残るから、2つ、目の前に道があるなら、いつも大変なほうを選ぼう」。頑張るって月並みな表現だけれど、「Who am I? 私はどんな人間で、何ができるか?」と、自分自身へ問いかけ続けることなのかな。

[大事なのはお金よりひと]

amy_tatsubuchi 2024/02/23

1995年から振り返り2017年に突入しようとしているモード編集者日記。ひとつ前のポストで触れた夫の言葉は、その通りかもしれない。IG映えする消費や娯楽より、なりたい自分を追い求め奮闘したことのほうがよくおぼえているから。消費や娯楽は人生のスパイスやガソリンにはなるが、他人のそれをみてすごい！と思うのは若くて未熟なうちだけ。自分自身を理解し、社会的にある程度確立すると気にならなくなる😌 2017年のスケジュール帳を見直してみると、『エル』の広告営業の坪ちゃんと打ち合わせを重ね、一緒にウロチョロしていた様子。坪ちゃんはモード誌に転職する前に、NY短期留学。そこの学生が韓国人だらけで、おしゃべり好きが高じて、いつの間にか韓国語もできるようになった、意識高い系OL風おじさんというかおばさんというか…。『エル』歴17年、『エル』愛に溢れた彼と、企画を一緒にたて、お金を集め、形にしたこともいろいろ。近況としては2023年にパートナーシップ宣誓制度[59]を取り入れ、田舎と東京の二拠点生活。休日はカップルでお遍路さん、極楽浄土に備えているそう。大事なのはお金よりひと、逸材の登場は人生を豊かにする😭

59. パートナーシップ宣誓制度…同性同士の婚姻が認められていない日本で、自治体が「結婚に相当する関係」とする証明書を発行する制度。東京都は2020年11月から開始。

[5年ぶりの出張]

amy_tatsubuchi 2024/02/24

毎年 NY の佳奈ちゃんと目標交換をしているお正月。2017 年はたしか「夫と仲良くする」が入っていたかと記憶する。夜型人間で、私と生活時間帯が全く合わない彼。引っ越しの日にてこでも起きず、夫と寝ているベッドごと前のマンションにぽつりと置いて、新居に引っ越したことも😂 とはいえ彼のご飯を用意しなくても、文句ひとついわれたことがない。お互いの期待値を低くして、たまの感動をありがとう！のスタンスが対等な夫婦関係には必要か。共働きで子どもがいると、夫婦の会話時間がなかなかとれず、2 人で食事にいったり、1 年に 1 回くらいは小旅行。日々のやりとりはラインとカレンダー共有、お互いの近況やビジョンをまとめてアップデートするスタイルに変えた。5 月にはルイ・ヴィトンのショーが滋賀県のミホミュージアムで行われ、5 年ぶりの泊まりの出張へ。子ども 2 人になってからは国内外の出張をすべて控えていたから、少しずつ自分を取り戻せるか？の気配。この年長女 8 歳、まだ癇癪があった次女 5 歳。育児というより知育が必要な第二ステージに。添付は 2017 年ルイ・ヴィトンのショー。世界中から滋賀にファッションピープル集結。

[美しさと内面の充実のピークは40代]

amy_tatsubuchi 2024/02/25
2017年から18年にかけて、シーズンに1回『エル・プリュス』を別冊付録にした。ひらたくいえば、大人版『エル』。そのどこかの号で齋藤薫さん[60]による気になる記事が。「人生100年時代、おんなの人生は2回」。恋愛適齢期は、もう一度50代でくるという趣旨。ちょうどキョンキョンの恋愛が話題になり、その後 J.Loとベン騒動がもちあがるから、時代の空気をさすがよんでいらっしゃる。でも実際自分が50代に入って感じるのは、50代は女性として最後に足掻く年代だということ。外見の美しさと経験値や教養からくる内面の充実、ともにあわさったピークは40代のように思う。キャリア、結婚、出産など、取捨選択のひと山を終え、突き進むしかない40代。何か自分でビジネスを始めるのも、体力や若い人脈があるほうがよい。50代以降は若者を応援する形での、ビジネスや社会参画というのが理想的でありましょう。後進のみなさま、40代を楽しんでください。若いゆえの葛藤や悩みからは解放され、仕事、家庭、自分メンテナンス、やらなきゃいけないことマックス！ でもそこをさぼらず、己の可能性を追求することが、人生の充実に繋がります♡

60. 齋藤薫…元『25ans』編集部ビューティエディター。エッセイストとして活躍、著書多数。

[夏休み 子どもたちとの思い出]

amy_tatsubuchi 2024/02/26

自分の働き方改革を考える上で、ポイントのひとつとなったのは、子どもたちの休み。とくに夏休みは2ヶ月もあり、幼少期の思い出を共有したかった。サマースクールを駆使したり、仕事量を調整して長期旅行できるよう毎年アタフタ。2017年夏はLAの美奈（P111前出）の実家で娘たちを遊ばせながら、お母様の遺品整理をお手伝い。「家族とは風船のように膨らみ、最期にしぼんでいくのだな」としんみりする。夫が合流してオーハイの農場に2家族で泊まり、わたしたち家族はサンタバーバラへ。農場宿泊を紹介してくれたのは、CO[61]のデザイナーのステファニー。ハリウッドに精通している彼女のおすすめだからと、信頼して予約したが値段の高さに驚く。LE LABO[62]の創業者もお気に入りというその農場は、広大な土地にコージーで趣味のよいインテリア。いまモダン・ファームハウスの巨匠、ハワード・バッケン[63]の建築が人気なのも納得、ラグジュアリーに対する価値観の変化を感じた。採れたて卵と野菜、熱々のパンだけの飾らないお料理が最高！ 大きな夕焼けを眺めた。自然やグリーンと共存し、オーガニックで温かみがあるけれど、とってもモダン。贅沢なライフスタイルの新基準をみた夏。

61. CO…2011年にステファニー・ダナンが創設したLA発のブランド。仕立てと素材重視で、シーズンを超えて愛せる定番の「ESSENTIALS」ラインが人気。
62. LE LABO…2006年に誕生したNYのスローパフューマリーブランド。
63. ハワード・バッケン…バッケン&ギラム・アーキテクツ主宰の建築家。モダン・ファームハウスの巨匠。

Favorite Things
#愛してやまないもの

週1スイミング

ジュエリー

endear spa

アート旅

七月花壇のブーケ

アスティエの器

シャネル

テクラのパジャマ

愛犬のマフィン

[『エル』とプライベート]

amy_tatsubuchi 2024/02/27

コロナ禍前の第4章期、2017〜2019年の『エル』をルックバッグ。パリ、イタリア特集号あたりは、部数、広告ともに鉄板。2017年後半のスケジュール帳をみると、2018年5月号のパリ特集に向けた仕込みあれこれで、プチバトーのポーチを付録につけた。その他、パリロケをはじめ海外撮影、着回し企画も人気。かたや同時期のプライベートに目を向けると、本来アウトドア派では全然ないのに、キャンプや田植え、川下りなど自然知育に果敢にトライしていた模様。キャンプマスターの百太郎[64]師匠に手ほどきを受け、へっぴり腰なダメ弟子デビュー。が、結論としては「グランピングぐらいが、ちょうどいいね」と次第に着地していく。結婚前は休日干物女だった私が、自分史上最大に自然と戯れた日々…。そこを卒業したいまとなっては、懐かしいようなほっとしてるような。手元にはプチバトーポーチ付録つきパリ特集、なんならメイクの着まわしまでやっているではないかの2018年5月号。やがて訪れる、推しとKOL[65]ムーブメントの予兆を感じる2018年へ、話を進めてまいります。

64. 百太郎…キャンプインストラクター資格を持ち、日本古来の生きるチカラを学び、実践するサロンコミュニティ、原点回帰の代表者。
65. KOL…Key Opinion Leaderの略。特定の業界や専門領域に明るいインフルエンサー。

©ELLE Japon

[坂井隊長率いる『エル』]

amy_tatsubuchi 2024/02/28

不定期連載の男性アーティストや俳優撮影のエルメン企画に、推し活の勢いをうっすら感じ始めた2018年。「いや、これは確実にすごい!」とざわついたのは、2018年6月号。三代目 J Soul Brothersの特別版8種の表紙と中面、通常版表紙と中面の合計9種のパターンで発売した時ではないか? 日本人男性が表紙を飾ることすらお初な『エル』に推し活の風。ちなみにアンジェリーナ・ジョリーが表紙の通常版は、TSUTAYA限定でロエベの付録も!と豪華な6月号。さらに同年7月号には、Kōki,ちゃんがいきなりの表紙デビューで話題続き、坂井隊長率いる『エル』はノリに乗っていた。

©ELLE Japon

[6年ぶりの海外出張 ミラノコレクションへ]

amy_tatsubuchi 2024/03/01

2018年から2020年2月までは、毎シーズン、ミラノコレクションへ。子ども2人を置いての海外出張はよく考えたら、6年ぶり。あんなに仕事で飛び回っていた私は、もはや彼方😂 裕子ちゃんに関する記事でも触れたけれど、働くママは出発前の準備が命。2人分のスケジュールを表組みにし、日にち別の着替えと持ち物をセット、各所に連絡をすませ泊まり込みの妹に託す。現地にいってしまえば「仕事のことだけに集中できるって快適!!」とタスク重視な我が日常を客観視。「私にしてはよくやってるよ」と自分にご褒美を買おうと入ったミラノのグッチなのに、つい娘たちの靴を買ってしまう、new me 😌 後年、ある女性に「私なんて息子が3歳の時に、子どもを置いてNYに観劇にいったから!」と語られ、「へ？あなたのそれは遊びでしょ？」といいかけた自分をぐっと抑えた。「女性の真の敵は女性である」というあかねちゃんの名言（詳しくはP154）が頭をよぎる。お互い生き方の多様性を受け入れ、思いついたことをすぐ口にしない。相手によって話題を選ぶのが社会性であり、大人ってこと。自戒を込めてメモ。

[『ハーパーズ バザー』新山佳子ちゃん]

amy_tatsubuchi 2024/03/02
朝9時にホテルをでて、1時間刻みでショーや展示会を回るミラノコレクション。合間に撮影が入っていたり、靴＆バッグブランドなど展示会の多いミラノは、時々二手に分かれながら毎夜会食。夜中のホテルで考える。大学生の時、『ファッション通信』やモード誌が大好きで、ファッションエディターになりたかった自分の夢は、あれ？ 気づいた時には叶ってたんだな。若い頃の選挙カーのようなパリ・ミラコレ行脚、ひとり好き勝手過ごしたNYコレ。再びのミラノのお供は『エル』の若手1名、『ハーパーズ バザー』の新山ちゃん。新山ちゃんって、カルチャー、アート、ファッション、政治経済、どの角度で質問を投げても、おもしろい答えを必ず返す。教養と雑学の塊みたいなひと。アジア勢の勢いを感じる座席配置に、我が国の未来を共に憂えたかと思えば、海外セレブゴシップで盛りあがる車内。当時はブランドアンバサダーもちらほら。2019年9月ヴェルサーチェのランウェイでJ.Loの歌が流れ始め、「これはきますよ、きますよ」と、つぶやく新山ちゃんの鋭い眼差しとデカ長のようなお姿。登場した瞬間の「キター！」という絶叫とともに忘れることはないでしょう😌

[あかりちゃんとの出会い]

amy_tatsubuchi 2024/03/03
J.Loを間近でみたのは2度目の私。最初は確か2008年あたりのNYコレクション。そこから約10年、50代になって輝きを増している彼女について、新山ちゃんと興奮しながら語り合う。「いやいや、顔の大きさとか手足の長さじゃないってことがわかったね！人間、究極は生き様とオーラだよ！」と私がいえば、「カイア・ガーバー（当時18歳のスーパーモデル）なんて、J.Loに比べたらオムツつけたひよっこですよ！」。これまた名言珍言で、たたみかける新山ちゃん。と、新山話がおもしろくてうっかり2019年まで筆を進めてしまったが、本来話の舞台は2018年。いまいちどこの年に立ち返ると、プライベートで重要な出会いがありました。それはある大学の教育学科に通っていた、女子大生のあかりちゃん。育児より知育のフェーズに入ってきた娘たちのために、週2回うちに通い、一緒に公文やドリルをやり、バイリンガルを生かして英語と日本語の本を読んでくれました。そのうち私が海外出張の時は、なんと泊まりで子どもたちをみてくれたことも！ 2018年から2022年まで、あかりちゃんの我が家への巻き込まれっぷりは肉親以上だったかと思われます。感謝🥺🙏

[ひとりの解放感]

amy_tatsubuchi 2024/03/04
2018年の海外出張で、そろそろ自分ひとりの時間も大切だと気づいた私。その年の夏休みは夫より先に美奈家族とハワイに入り、LAで夫と待ち合わせ。お友達家族のヤン＆ルーシーが、パリからLAに移住していたタイミングだったので、マリブで彼らと合流。子どもたちを一緒にサーフィンさせる。ヤン・ウェルターズは世界的に成功しているファッションフォトグラファー、ルーシーはスタイリスト/デザイナーだから、その時住みたいところにアーティストビザで拠点を移す。ロンドン、パリ、LAを経て現在は、なんとポルトガルのリスボンへ。引っ越しのたびにお家を買って、素敵に仕上げるタフさに脱帽する。職業によっては才能さえあれば、こんな自由な生き方もできるんだなぁ、と己の選択肢の狭さを鑑みる。幸せって自由があることなのかもね。経済的、精神的自由。私たち家族はカリフォルニアをウロウロ、しばらく一緒に過ごしたら、子ども2人を夫に預けて私は帰国。溜まった仕事や自分に集中する時間を1週間弱つくる、この「夫にバトンタッチ作戦」の解放感たるや😂新作戦に踏みきれるほど、子どもたちは少し大きくなっていた。

[娘から贈られた言葉]

 amy_tatsubuchi 2024/03/06
忙しくなってきた2018年は週2の出社では追いつかず、ちょこちょこ青山へ。会社下に車を停めて、15分刻みに車内で打ち合わせを組み、色校をチェックして返すなんていう、オリジナルの荒技も何度か。会食で疲れて帰ってきたある日。12月に9歳になったばかりの長女がベッドに入ってきてツラツラ語り始めた。「ママ、ママはいつもファンシーでビューティフル（まず出だしがよい😊）。キャリアがあって、おうちのオーガナイズをして、わたしたちのお世話をして、その上女子旅にも連れていってくれる。そんなママは、真帆の学校ではママだけだよ（※彼女調べ）。ママ大好き♡ 真帆もママみたいになりたい！」。じーん、隠れて泣きました。人生のなかでどんな褒め言葉より、これがうれしかった。あぁ、やっぱり頑張ってよかった、迷い苦しい時もあったけれど、「自分の働く姿をみせることは、女の子たちへのライフレッスン」。現在は思春期になり、写真ひとつ撮らせてくれない娘たちだけれど、こんなかわいい時も一瞬ありました。そして改めてさよなら2018年🤝 二度と帰ってこない、でも帰りたくはない愛しい日々。ようやく2019年の話へ。長いっ😄

[スキー場はおしゃれテンションがあがらない]

amy_tatsubuchi 2024/03/07
2019年前半の衝撃は、私が骨折したこと。2月のミラノでPRの本田美奈子ちゃんが「スキーで脚を骨折」したと他人事のように聞いていたのに、まさか自分の身に起きるとは！ 寒さが苦手でスキーは午前中だけで十分な私。スキー場にいくと、なぜかおしゃれテンションがあがらず、すっぴんジャージにボサボサ髪、見た目もひどい。子ども同士が仲良しとか、家族ぐるみの付き合い以外は知り合いにも絶対会いたくないの。3月に宿泊したホテルで、赤いコートをひらひらさせ、バレンシアガのスニーカーを履いたどうにもこうにも一般人じゃない、モデルSHIHOちゃんのお姿が😄 スキー場での私のひどさをよく知る夫が、この姿は（ファッションディレクターという）仕事上、世間に晒すわけにまいるまい、と「エイミー、逃げろ！」のかけ声。いい年をして不思議なかくれんぼを繰り返す。ようやくSHIHOちゃんから逃げきりほっとした最終日、山頂から降りる際に事件が！ スノボ派の夫と長女を待つ段取りをスルーして、滑っていく次女。慌てて追いかける私は、アイシーな地面が見えず、ポテッとこけて左腕がシャリッと鳴る。あっけない中年の骨折は4ヶ月の辛いギプス生活😄 とほほ😄

[ギプスをものともせず仕事＆子育て]

amy_tatsubuchi 2024/03/08

骨折をして片手を使えない間、いったいどうやって生活していたのだろうか？ まず、朝ご飯とお弁当は夫。掃除洗濯お料理の家事はフィリピン人のヘルパーさんに週3回、あかりちゃんが夕方から週2〜3回入り、仕事のアシスタントは2人。我が家に出入りする4人の女性は、さながらたけし軍団のごとくこの時期の私を支えてくれた。仕事を減らすことを考えず、コロナ禍前の2019年は『エル』以外に契約が5社。契約が増えても、骨折とその後のリハビリに伴い諸々人件費アップ！というビジネス効率の悪さは否めない。「でも私がアクティブに動き続けることで、女性の雇用を生んでいるではないか！」とむしろ肯定的に捉え前に進むことにした。ギプスはめて通常通り仕事とそれに伴う社交をこなし、お花見、グランピング、みかん狩り、鳥取砂丘でラクダに乗っている40代の自分は、まだまだ体力があった。人生とはまさにもぐらたたき。何か必ず問題、気がかりや心配事がでてくるのです。

[最初で最後のショー]

amy_tatsubuchi 2024/03/11
子どもの学校の休みがたくさんあり、娘が小さい頃は国内、アジア、オーストラリア、遠くはメキシコまで子連れ旅行。でも記憶によく残っているのは夏のカリフォルニアだから、夏の充実はその年の充実といえる。2019年夏は私が子連れで先にLAに入り、遅れてきた夫とラスベガスに移動して過ごし、「夫にバトンタッチ作戦」で帰国。パパ旅行はキャンプらしいが詳細を聞くのも恐ろしく、そこはそっと蓋。夏休み明けのミラノ出張はいつものメンバーのはずだったのに、新山ちゃんが「グッチは塚本さんにバトンタッチします！」と消えた。「えーっ、それ移動車の雰囲気変わっちゃうじゃん」とあたふたしている間に、『バザー』の塚本編集長現る。アレッサンドロ・ミケーレのグッチは、当時ミラノの目玉のひとつ。フロントロウに塚本さんと並んで、かつてパリコレで彼女の背中を遠く後ろから眺めながら、ショーをみた日々を思い出す。「並んでみるのはきっとこれが最初で最後」とひとり感慨に耽る。ショーの最後に塚本さんが、「ミケーレに挨拶にいこう！」。そうそう、日本モード誌創成期世代はテンション違うの。彼女はバックステージにご挨拶にいく編集長でした。

[素晴らしいモーメントは「楽しみ力」から]

amy_tatsubuchi 2024/03/12

2019年秋の東京はファッションイベントが盛りだくさん。なかでも印象深かったのは、シャネルの「マドモアゼル プリヴェ」展。オープニングを祝して世界中からセレブが来日、ファレル・ウィリアムズ[66]のシークレットライブに盛りあがる。11月には『エル・ジャポン』創刊30周年イベント「エル・ラブズ・アート（ELLE LOVES ART)」を開催。翌年にはコロナ禍、そして2023年にはファレルがルイ・ヴィトンのクリエイティブ・ディレクターとしてデビューするなんて…。この時誰が予想したことでありましょう。ここまで早24年間分、人生の振り返り作業をコツコツ続けるモード編集者日記 。いま、はっきりいいきれることは、その時、この瞬間に集中して人生は楽しんだほうがよい。せっかくの食事中にスマホでラインを返したり、IGチェックとかしないほうがよい。素晴らしいモーメントは、場面、登場人物、自分自身の楽しみ力から作られるんだと改めて気づいた。同時代を生き、巡り合い、共に仕事をする素晴らしい奇跡よ🖤

66. ファレル・ウィリアムズ…アメリカの男性音楽プロデューサー、歌手、2023年からルイ・ヴィトンのメンズクリエイティブ・ディレクター。

Photo Album

＃愛のメモリーズ　＃友達編

1. 家庭と仕事の両立を相談できる、裕子ちゃん、京子ちゃん、実香ちゃん、青木くん。
2. 麗安ちゃん、令枝ちゃん、貴子ちゃんは優しいママ友。 3. 妹のようなスタイリストのレナちゃん。
4. 子育て仲間の友恵ちゃん。子どもを預けたり、預かったり。
5. 後輩の新山ちゃん、由紀乃ちゃんとミラノにて。

[2019年の終わり 比叡山と誕生会]

amy_tatsubuchi 2024/03/13

2019年の終わりは、比叡山延暦寺で『エル』とSHIHOちゃんの禅メディテーションイベントを実施。この年の初めには、スキー場でSHIHOちゃんから逃げ回った私が、また一周して彼女のところへ帰ってくる運命の不思議よ。時代を先取りのマインドフルネスイベントは、ダンスキンさんというスポンサーのおかげ。坪ちゃんと比叡山延暦寺で、『エル』の旗印を掲げて読者をお迎えし、坂井さんや黒岩ちゃんと冬の星空をみた。一方、12月の長女10歳の誕生会に向けて、当の本人はDJデビューの練習を重ねる。パーティでは『エル』の後輩、辻ちゃんにお願いして、ガールズダンスグループによる最新演目披露も。ママ世代、20代の辻ちゃんと仲間たち、10歳の娘たち、女性たちは年齢の垣根を超えて、おめでとうのグルーヴをシェアした。そういえば、子育てに関しての夫からのリクエストって、「いけてる女の子になってほしい」だけだったなぁと思い出す。

[コロナ禍が迫るなかで]

amy_tatsubuchi 2024/03/14
東京オリンピックが開催される予定で、多くの日本人がワクワクだったはずの2020年お正月。私たち家族はドバイにいた。一夫多妻制でアバヤの下に煌めく宝石と、ハイブランドを潜ませる、エミラティと呼ばれるアラブ首長国連邦の地元の人々。女性は男性の庇護下におかれ、家のために尽くし、その鬱憤を消費で解消するイメージでいたけれど、こちらの勝手な古い女性像はとっくの昔の話だった。男女格差なく教育レベルが高く、海外留学から戻ってきたエミラティ女性たちは社会で活躍、現在、女性閣僚は9人。外資系労働者が多いこともあるが、2017年に120位だったジェンダー・ギャップ指数ランキングは2023年に71位まで上昇、日本より全然上なのだ。「日本女性の地位はこんなに下かぁ」と、お正月から我が国のありようを憂う。2019年12月に中国の武漢市で、コロナの第1例の感染者が報告され、2020年1月に日本での感染者確認。数ヶ月でパンデミックといわれる状況に陥る、未曾有のコロナ禍は、ヒタヒタと近づいてきていた。それでも2月の海外出張はいったはず😂 あぁ、ようやく話は2020年まできた❣

[2020年2月、ミラノ出張]

amy_tatsubuchi 2024/03/15
今日は2022年に急死した父の誕生日で、なんだか悲しくて筆が進まず。モード編集者日記もコロナ禍に入っていくと、自分がどんどんメンタルが落ちた時期なので、そんなことを公開したところでたいしておもしろくないのかも？と心揺れる。2020年2月のミラノ出張は高倉由紀乃ちゃんと新山ちゃんと一緒で、日々アジア人に対する風あたりが強くなっていくのを感じた。あるイタリア人のファッションディレクターは、日本人席から離してほしいと交渉していたし、レストランからも入店を断られたり…。こ、これは大変なことになってる感！のなか、「私、帰りにロンドンで観たい展覧会があって♡」とののんきなお嬢さま節の由紀乃ちゃんに、くらっとのけぞる。なんとしてもこの子を連れて帰らねば！ 無事に帰国するも、私と入れ替わりで夫は「家族を頼む」とパリに旅立ち、出征を見送る気持ちで落ち着かない日々。再び仕事ギアをいれた2016年から2020年4月7日の緊急事態宣言までが日記の第4章。なんとか書ききったけれど、これから先どうしよう。緊急事態宣言を発令した安倍首相も、4年後のいまとなっては、お亡くなりになっているではないか。添付は2020年2月の由紀乃ちゃんと私。

Chapter 5

[第5章]

コロナと更年期、再生までの道のり

2020-2024

The Reborn.

[しんみり自己分析]

amy_tatsubuchi 2024/03/17
コロナ禍から現在までの第5章。書き続ける気持ちが続くか若干不安はよぎるが、ペースダウンしても完結させてみたい。新章に入る前に、第4章までをざっとと読み直し、自分が人生で求めてきたことを考える。私はずっと「かわいい女性」より「かっこいいひと」になりたかった。夫と本当の意味で対等な関係、同じ目線で話ができる同志としての夫婦が目標。なりたい自分のイメージを追い求め、譲れないこだわりがあり、内省的なめんどくさい性格だからこそ、ここまでほぼ毎日500ワード書いてきたのでしょう。と、章の区切りにしんみり自己分析。自分軸の確認にも、Threadsは有効かと思われます♡ さて、再び話をコロナ禍元年に戻すと…2020年は体力、メンタルともに元気だった私。打ち合わせやイベントがオンラインに切り替えられるなか、犬を飼い始め、お料理を頑張ってみたり、あかりちゃんを連れて田舎に家族で引っ込んだり。限られた条件のなかで生活を楽しむ努力をした。どうせ家にいるなら、と雑誌の自宅インテリア取材も受けたし、長谷川京子ちゃんや山田優ちゃんと『エル』の動画収録も我が家で敢行。暗雲たちこめるのは、2020年後半あたりからか…。

[買い物中にスカウトされ、TV番組出演]

amy_tatsubuchi 2024/03/18
コロナ禍元年、2020年は、周知の通りIGライブの利用者急増。SHIHOちゃんに『エル』のアカウントからメディテーションライブをお願いしたり、企業の販促ライブのキャスティングなども。演者も裏方も、時代が生む新しい仕事にあっという間に慣れてゆく。子どもの授業、私の打ち合わせや会議、お友達とのおしゃべり、自宅トレーニング、青木くんの誕生会まで、すべてオンライン。短い産休の時だって、おしゃれしてでかけられないのが苦痛だった私だけれど、まぁ、1年くらいの我慢でしょ、と初年度はまだ楽観視。3食自炊の日々はスーパーにいく回数が増え、『家、ついて行ってイイですか？』というTV番組に、買い物中にスカウトされ収録。まさか本当に放映されると思ってなかったけれど、いま見返すと子どもが小さくてかわいい。私は職業的に裏方意識が強く、ずっと人前にでるのが恥ずかしかった。FBやIGも「仕事上アカウントがいるから」ぐらいの気持ちでスタートし、ストーリーズにて母に近況報告。でもきっとこの頃から、「ひとに必要とされるうちが華」と、己の寿命を考え始め🫧少しずつ意識が変わった気がします。

[「人生の終わり」を意識]

amy_tatsubuchi 2024/03/20
我が家を紹介するTV画像を再チェック。「番組史上最高家賃の大豪邸」とテロップがでているが、『家、ついて行ってイイですか？』は、家賃3万とか、ビルの屋上を家にしちゃうとか、ユニークな人々の暮らしぶりをお伝えするTV番組。その中でのキャラ設定というだけで、うちは大豪邸ではありません…残念😂😂😂 私の女侍時代の数々のエピソードに「壮絶過去」とテロップが流れているのが、これまた泣けるポイント。番組の登場回が放送されたのは、2020年秋。この後だんだんと寒くなる時期に、私のメンタルは急激に落ちていく。2月にお亡くなりになったヘアメイクの加茂さんから知人の死が続き、いままで考えなかった「人生の終わり」を意識し始めたから。毎日、夕方になるとぐんぐん悲しい気持ちになり、キャンドルを焚きまくって涙。あ、これが更年期ってやつではないか？ と思い立ち婦人科検診にいってみたが、数値的にその段階にあらず。一体全体、この気持ちどーすりゃいいの？と、途方に暮れながら2020年は終わりに向かってゆく…。

[コロナ禍の夫を回想]

amy_tatsubuchi 2024/03/22
久しぶりに夫を回想してみよう。ウロチョロ活発なうちの夫は、コロナ禍にどうしていただろうか？ 年に6回、多い時は8回海外出張にいっていたような生活から一変。最初の頃は「ハイキングにでもいくか！」なんて珍しいことを言ってみたり、BBQおじさんとして励むも、みるみる意気消沈してゆく。メインベッドルームは私が占拠していて、その手前の小部屋にホームステイの学生風に暮らす彼。TVを自分の部屋用に新しく買って巣づくりを始め、なかなかでてこなくなる。追い討ちをかけるように、2020年8月には義父が亡くなり、覚悟していたとはいえ悲しい1年だった。真面目で無口な義父との思い出があまりに少なく、悲しいけれど泣けない私は、次男の嫁とはいえ至らぬ感半端ない。大きな花輪と共に駆けつけた我が末妹が、なぜか誰よりも号泣という頓珍漢なことになってはしまったけれど、夫の手をずっと握っていたことをおぼえている。あぁ、普段は忙しくてあまり意識しないけれど、夫婦って悲しみをシェアできる相手なんだな。彼が悲しいと私も悲しい。うれしいこと、楽しいことを共有するほうが簡単だからね。慣れない暮らしは2021年も続いていきます。

[メンタル暗黒期、突入]

amy_tatsubuchi 2024/03/23
2021年はコロナワクチン接種が始まり、でも変異株も発見されるもんだから、終わりのみえない疫病の恐ろしさに気持ちが滅入る。懸案の東京オリンピックは無観客開催が決まり、いまいちパッとしないこの1年は、「日本再発見」をテーマにして国内あちこち、人混みを避けながら移動。私、やっぱりコロナ鬱だったのかな？ どこまでがコロナ鬱で、どこからが更年期だか？ 線引きが難しいここからの数年は私のメンタル暗黒期。お正月はニセコで家族スキーをして、毎年恒例の節分、夫の誕生日…と家族行事と仕事で、春まではあっという間。寒さが苦手で外出も控え、毎晩自宅で焚くキャンドルと涙の数は増えるばかり…。婦人科、精神科、コーチング、考えられる扉は全部たたいたけれど、解決の糸口は全くみつからず。筋トレ、ウォーキングとエクササイズを増やし、新しい仕事にチャレンジしたり、自分なりにもがいていたのではないか、と推察いたします。それでも写真だけみると楽しそうだから、ひとの真実の姿はわからぬものよ。

［山田優ちゃんの連載］

amy_tatsubuchi 2024/03/25

「さまざまの事おもひ出す桜かな」と詠んだのは、松尾芭蕉。桜を見て悲しい気持ちになるのは2021年春からだった。コロナ禍2年目ともなると、海外は本当にはるか海のかなた…。海外ネタを得意とするモード誌もローカルネタをおしゃれ目線で企画し、クライアントのアンバサダーブーム[67]は加速、KOL撮影もいろいろなテーマで増えていく。山田優ちゃんと『エル デジタル』で、「Beauty Journey」の連載を開始したのは、2021年だった。優ちゃんが現れると沖縄の風が吹くというか、その場がパッと明るくなる生命体としての輝きと力強さを感じる。恵まれた容姿、メンタル、体力、ひとを惹きつける力、4拍子くらい揃ってるパワフルさ。優ちゃん御一行、『エル デジタル』ビューティ担当の黒岩ちゃんとともに、新大久保からライフスタイルプロデューサーのAtsushiさん宅まで出没。次々と上書きされるコンテンツ消費時代の訪れを肌で感じつつも、制作サイドはいつも真剣。編集者はよりミーハーで瞬発力のあるひとが求められる時代。カルチャーオタクとか服オタクとか、そういうおもしろ人間は、何を目指せばいいのかな？

67. アンバサダーブーム…企業や自治体などの組織から任命され、一定期間の契約中に広報活動や普及活動を行う人。韓流ブームとも相まって、ファッション業界ではブランドの顔となるセレブ争奪戦が勃発。

[50代迷子にならないために]

amy_tatsubuchi 2024/03/27
子ども4人の育児をしながら、お友達の令枝ちゃんが、素敵なスパサロンを開業したのは2021年夏だった。子育てが終わってから何か始めようとしても、お仕事筋力に関しては、衰退していてなかなか実現しないのが現実。令枝ちゃんは1人目妊娠でアロマに目覚め、4人目が2歳の時から学校に通い講師に。その後サロンオープンとオリジナル商品発売。大好きなことをみつけたこと、4人育児と並行してこつこつ努力し有言実行したことに感動し、そんな年下女性は応援したくなる。ひとにはそれぞれお役目があり、母親は素晴らしいお役目ではあるが、長い人生のなかでみればいっとき。「私ってなに？」の50代迷子に陥らないためには、できない理由ばかり探さず、チャレンジしたほうが後悔はない。昨日はそんな話を『VERY NaVY』6月号（5/7発売）対談で青木くんと深く話し合った。もっとも私たち団塊ジュニア世代より年下の女性たちは、新しい働き方や職種が生まれ、ぐっと軽やかにお仕事と私生活を両立している感じ♡

[仕事もプライベートもガシガシと]

amy_tatsubuchi 2024/03/28

暖かくなると次第に元気を取り戻す私。夫は新しい仕事の件で弾丸パリ出張が入り、いそいそしていた2021年の春から夏。たいした趣味もなく「仕事は自己表現」の彼には、長く働いてもらわないと一気に老けてしまいそう…とコロナ禍にて新発見。リモートワークも定着したし、海外ロケだってリモート立ち合いって…約束通りに進行しているか確認はできるけれど。うーん、しっくりこないこの感じ。鎖国日本でのモード誌編集者の仕事の醍醐味って、何でありましょうか？ 例年通りの長い子どもたちの夏休みは、直島にアート旅と、白馬に家を借りてしばらく暮らすように過ごした。ダイナミックな自然遊びが魅力的なこの地にて、昼間は湖やキャニオニング、川遊びやサイクリング、夜は花火にオリンピック観戦など、日本の夏を満喫。きっとこのまま体調もメンタルも右上がりになるはず！と、年内予定は仕事もプライベートもガシガシ入れて突き進む。立ち止まってしまうと、キャンドル焚きまくって毎晩「底の自分」👻 11月にはオフ-ホワイトのヴァージル [68] が亡くなり、彼と親交の深かった夫と友人たちは衝撃に包まれる。

68. オフ-ホワイトのヴァージル…ファッションブランド「オフ-ホワイト」の創設者でありデザイナー。2018年から2021年までルイ・ヴィトンのメンズウェアのアーティスティック・ディレクターも務めた。(1980〜2021年)

[年下女性からのインスピレーション]

amy_tatsubuchi 2024/03/30

『エル デジタル』の黒岩ちゃんが、会うたびにきれいになっており、「何してんの？」って聞いたら「ダンスです！」。そう、2021年はK-POPブームに乗ってダンス女子急増。2020年のJ.Loのスーパーボウルハーフタイムショーの感激を思い出し、なんだか「私も一歩踏み出さなきゃ！」という気持ちになり💃ダンス教室をリサーチし始める。年末いや年明け？ 我が家での食事会で、美奈と法子が「一緒にやろう！ どうせならエイミーの誕生会を目標にしよう！」とヒートアップ。若者に混じっては足手まといでありましょう、まずはプライベートクラス設立から。数軒断られ引き受けてくれたのがYUIちゃんだった。カナダで育った彼女は、夫の仕事の関係で来日。語学の壁はあっても一芸（ダンス）があれば、どこでも仕事ができる。彼女のダンサーファッションにも魅了され、仕事と家庭の二軸を回すことに必死だった人生に新しい楽しみができた。仕組みを作り、ひとを集め、目標設定、何事も編集の3ステップがあれば実現できる。年下女性ってインスピレーションをくれるから、ご馳走でもして仲良くしてもらったほうがよい🙇

［ファン未満の反町派］

amy_tatsubuchi 2024/04/02
時系列に話を進めているモード編集者日記 。昨日はやっぱりドラマ『GTOリバイバル』の反町くんをみちゃって、話をちょっと脱線させてみたい。第二次反町隆史ブームの背景には、ジェンダー・ギャップゼロのあの夫婦の対等感があるのではないか。若い頃、きっと相手は選びたい放題だっただろう彼は「楽でない女性」と結婚し、妻は第一線で輝き続けながら、自らも50代でもうひと山盛ってきた。日本にいるようでいないレアなカップルの形に、ここ数年なんだか目が離せなくなってしまい、ふとJ.Loとベン・アフレックなど、海外の妻は歌姫カップルを思い浮べてみる。が、またちょいとスケール的に違うような…。リアルタイムで久々にドラマをみたいという気持ちにさせたのは、ストーリーが気になるわけでもなく、当時を懐かしむ感じでもなく、いまの反町くんをみておきたいという、これまた不思議な衝動。「妻を輝かせられる男性」という、何か度量の大きさ実績みたいなものに拍手を送りたいのかも！で、ファン未満の反町派が、私の周りでは急増中。昨日も興奮ラインのやりとり止まらず🤭 もちろん若い時より落ち着いてるけど、依然としてかっこいい🖤

[女性の真の敵は女性である]

amy_tatsubuchi 2024/04/03

2022年は父の急逝に触れねばならず、なんとなく先送りしたい話題ゆえ😌ちょっとブレイク。モード編集者日記は、私の自叙伝ではありません。平成から令和を、共に駆け抜けたファッション業界＋αの女性たちの生き様ストーリー。娘たちと後進のみなさまに向けて発信しております。数々の名言珍言も生まれたが、いちばんのお気に入りは、「女性の真の敵は女性である」(2014年 エディター・中馬あかね)。「この世にパラダイスはないのよっ」(2000年代初頭当時『エル・ジャポン』編集長・森明子)と甲乙つけがたいが、やはり前者。同質化大好きな日本のジェンダー・ギャップの一因は、女性同士が足を引っ張り合う説。お仕事でもプライベートでも、このあかね説は有効。「子どもを介したママ友時代はよかったけれど、成長したら話が合わなくて」というのもよくある話。ひとは同類でつるむのが心地よく、その時々の境遇をシェアするのに必要な相手というのもいるのでしょう。また女性の人生は、夫やパートナーに左右されることも多く自分の頑張りとは別物。ままならない気持ちは嫉妬にも繋がりがちで…。女社会の生きづらさは、女性自ら生み出しているところもある。

[2022年2月26日]

amy_tatsubuchi 2024/04/04

過去の名言を振り返ってみたり、反町くんの話題に逃げてみたりで、なかなか踏み込めなかったトピック、父の死は2022年2月26日。私たち家族は北海道のスキー場にいた。めったに鳴らない電話にざわっと胸騒ぎがして、倒れたとの第一報。数時間後には亡くなってしまうから、あまりにあっけなく現実のこととは思えなかった。お葬式での夫は過去最高最大に優しかった。昔パリの街角で彼がパパに遭遇した時も、「あ、お父さん！」と声をかけてきてご馳走してくれたと、父がうれしそうに話していた顔を思い出す。女だらけの姉妹に代わって棺を運び、親戚と老人に囲まれ泣いてる夫をみて、「このひとと結婚してよかった」と至らぬ妻の自分を懺悔。年をとってからの父は、荷物を運んだり車の運転が大変だから、若い子を書生さんのように連れて海外にいっていた模様。親族席にみたことのない若い男性たちが座っていて、「ところで、あなた方はどちらさま？」と聞きたい衝動を抑えながら式をすませる。最後に話した会話はなんだった？またいつでも会えると思っていたのに、人生ってあっけない。浮世離れしていて苦手な父だったけれど、精神的には大きなところで守られていたんだな🥺

[不思議ちゃんな父]

amy_tatsubuchi 2024/04/06
自分の父親が普通とはちょっと違うのかも、と意識したのは8歳の時だった。家業を継いだ15代目の父は、アートと四次元の話ばかりする不思議なひと。「こんな変わった父親がいたら、私は結婚はできますまい」と枕を濡らした小学生の私。キャリアを築いて、きちんと自立した女性になろうと、この頃から女侍への道を走り始めていたのやもしれない。一方家のために尽くす古風な母親の期待は、長女の私にあることをひしひしと感じており、彼女は自分とは真反対のいわゆる「キャリアウーマン」ってサンプルを私に何かとみせた。そのサンプルのひとつが、集英社に就職して『non-no』編集部にいた親戚のはるちゃん。お絵描きと文章が得意で、ファッションとアート好きな自分は、絵本作家になるか編集者になるか？と子ども心に夢を膨らました。父親が変わりものゆえ、小学生から妙にしっかりしていた私。悩みや不自由はひとを強くするから、必ずしも悪いことではないのだ。いや、かつて人類が何もないところから道具を発明したように、不自由があるほうが、ひとは考え工夫し自己設計力は高まるのではないか。不思議ちゃんな父は幼少期の私の悩みの種だった。

[生まれ変わっても]

amy_tatsubuchi 2024/04/07
ロシアのウクライナ侵攻は2022年2月24日、その2日後に父の死。生と死、人生の不条理、夫婦と家族の不思議、もはやひとり禅問答状態。またまた入ってしまったこの暗いトンネルに、光がさすことはあるのでしょうか？　ずーんと沈む私におかまいなく、母が「私、生まれ変わってもパパがいいわ♡」と早くも来世の予約発言。家業切り盛りの八百屋系夫婦は、男女を超えた同志のような繋がりがあるのだろう。「3組に1組が離婚する現代日本、それ結構レアだよ、ママ。もっと広い世界をみたほうがいい」と、来世の人生指南を残し実家を後にする。アップダウンがあるのが夫婦というものだけれど、お互い我慢したり、感謝したりを繰り返し、時を重ねてこそ到達する愛情は尊い。子どもが小さい頃は夫と険悪ムードの時期もあり、「もう好きじゃない」っていわれたことがあって悲しかったなぁ…あれって、なんだったんでしょ？と夫に問えば、「いや生まれ変わってもエイミーがいい」とのこと。こちらはまだ覚悟にいたらず、返事をせずすーっと聞きっぱなし😂 悲しみの暴走特急に乗っている私は、それどころではない。夫が亡くなる未来まで想像、さらに涙が止まらなくなる。

[風呂なし1週間]

amy_tatsubuchi 2024/04/09

父の死以降再びメンタルが怪しい私。油断するとお風呂に入らなくなり、風呂なし（シャワーもなし）記録は最大1週間😂香水をふりかけてごまかしながら生息するも、このままでは「汚ばさん」ではないか。まずいという自覚はあるから、6月に配信になったJ.Loのドキュメンタリー、『ハーフタイム』をみて、己のやる気スイッチを探したりする。セレブって、エイジングにおける同世代の希望を背負っているんだなぁ。ファンではないけれど、キムタクにはずっと元気でいてほしいもの…。夫は海外出張が再開して忙しそうだし、対面ミーティングやイベントも復活しており、家に籠らずなるべく外にでて打ち合わせをするよう心がける。この頃には「海外ではコロナ禍は終わって、もう先に進んでるよ！」と息巻く、洋行帰りの友人知人たちも増えてきた。行政と教育がコンサバでいつも立ち遅れてしまう日本は、なんだか取り残されている感あり。7月8日に安倍元首相がまさかの暗殺をされた時は、警備の脆弱さが国家のそれを象徴しているように思えた。一国の首相まで務めた方の最期に「ちょっと、あれはないでしょ…」的な、もやっと感に包まれた2022年夏。

[スタイリストの第三勢力]

amy_tatsubuchi 2024/04/10
2022年までのコロナ禍においての業界変化をざざっと振り返る。紙の雑誌の縮小傾向は進み、外資系モード誌は各国のビジュアルシェアが増え、国内撮り下ろし撮影は少なくなった。女性人気スタイリストは、黒子に徹する職人気質のモード誌系、芸能人やモデルと絡みながらセルフプロデュースもしっかりする赤文字系。大きく2派に分かれていたが、いずれも小さなページから徐々に頭角を現し、雑誌のスタイリングだけでも十分な収入を得られるほどに。ところが撮影はぐんと減り、IGライブで第三勢力が登場、それは1980年生まれの百々千晴さん。業界的にはすでに知られたスタイリストではあったが、一切の媒体やファッション話とは無関係に、本人アカウントのおもしろトーク、かわいい顔と素のギャップ萌えで大ブレイク。まさに個の時代を体現する人間力のなせる技か。気取らずおしゃれだし、長い脚にジーンズがよく似合う。何回か仕事も一緒にしたことがあるが、あの笑顔と喋り方は独特の癖があり後を引く。彼女以前と以後、スタイリストのありようは変わっていくのではないか。メディアは最初の準備体操で、そこから自分の人生を文字通りスタイリングする。リスクテイカーが輝く時代。

[ファッション PR 業界のうっかり頑張り女子]

amy_tatsubuchi 2024/04/11

媒体へのお貸し出し減少、デジタルシフトに伴う KOL アサインの増加により、サンプルを持たないフリーランス PR もどんどん増えた。女性が活躍する PR 職は華やかで素敵にみえるが、夜帯のイベントは多いし、海外出張は年齢とともにきつくなるし、あちらこちらへの気遣いにも追われる難儀なお仕事。さらに海外ブランドならば、欧米とは違う日本の独自性を、きちんと本国に説明して戦える女侍でなければ！ フリーになったあかつきには、己のみの人脈力が問われるからひと付き合いにあけくれ、「私、お誕生会だらけ」とプライベートを嘆くことも、PR あるある。それでも関わったデザイナーに心から感謝されたり、ブランドの成長に並走する満足感など、感動を求めてついつい…そんな「うっかり頑張り女子たち」が、ファッション PR 業界にはたくさん。能動的に仕事を処理せず、仕掛けるパワーがあるひとのみが抜きん出る世界。AI が発達しても、ひととひとの信頼やコミュニケーションを繋ぐお仕事はなくならないはず。ただし飛び込むなら、それなりのご覚悟を😉 コロナ禍明けには東京中のフリーファッション PR が稼働。大きなイベントだらけの 2023 年が待ち受けていた。

[元祖海外ブランドPR 遠藤美紀子さん]

 amy_tatsubuchi 2024/04/12
PRのお話ついでに元祖海外ブランドPRといえば、の遠藤美紀子さんについて。美紀子さんは私にとって、初めての「すべてを手にした眩しいひと」でした。母世代の彼女は、当時としては珍しい海外留学を経て英語とイタリア語が堪能、よく笑い何しろ断トツ美しい。ミッソーニの来日密着取材で数日ご一緒すると、「私は家で髪は洗わないの（美容院にいくから）」、「ひとをお招きして自宅会食する時は、私は食べないのよ（ミッソーニを着てお腹が目立つのが嫌）」など、若かった私には衝撃的発言の連続。優しい旦那さまとかわいい娘さんがいらして、ポルシェにワンちゃんを乗せ颯爽と運転。コレクションの時は、ミラノのフォーシーズンズが定宿で、夏休みはサルデーニャへ。「日本にもこんな方が！そっち方向の生き方がいいな！」と末端女侍の私は心震わせたもの。インターナショナルなライフスタイルと家庭と仕事の三位一体事例を、日本人女性で実現している奇跡、最初に目撃したのは25歳の時に出会った彼女でした。その残像はいつも私をインスパイアしてくれます♡

[塚本さん、おつかれさま会]

amy_tatsubuchi 2024/04/14
2022年後半をスローバック。夏には塚本さんの「『ハーパーズ バザー』編集長退任♡ おつかれさま会」を開催。青木くんと私が主催の『フィガロ』OB&OG会バージョン。かつて権之助坂の変を起こした、おとしまえをここできっちりつけねば！の気持ちで、THE DEVIL WEARS PRADA（プラダを着た悪魔）のタスキを新山ちゃんに作らせる。「自分と同じテンションで雑誌作りをしないひとが許せなかった」とご挨拶なさった懐かしの藩主。集まった女侍たちは「えらいことに巻き込まれたものよ」と目配せしながら、お互いを労い涙した。ちょっと編集長やってみたーい、自称デザイナー？ ファッションPR とかいいかも的な、軽い興味や自我だけでは、運よくそこにつけたとしても長くは務まらないもの。本気で編集長という仕事がお好きで、信念がおありだったのでしょう。それ以外の生き方を考えることは一度もなかったのかなぁ。お言葉拝聴しながら、塚本さんの頭からは「自分、不器用ですから」と、高倉健のセリフの吹き出しが2022年の私には見えた気が。『フィガロ』の編集長当時の彼女は40代半ば。あの全力疾走時代に一同胸いっぱい、タスキをかけた主役を囲む。

My Places
＃ 思い出の場所

権之助坂
当時の『フィガロ』編集部は目黒川のほとり。
目黒駅から川にかかる目黒新橋まで、焼肉店と
ラーメンの看板が並ぶ400mほどの権之助坂を
ハイヒールで闊歩。バレンシアガを着て、
夜中にラーメンをよくすすったもの。

NY
25歳から約10年（1997から2008年）、
独身時代にロケやコレクション取材で
通い続けたNY。モードもアメリカも元気で
輝いていた時期。ミートパッキングの
ザ マリタイム ホテルによく泊まっていた。

LA
子どもが生まれて以降は、家族での
カリフォルニア旅行が楽しみとなる。
都会でありながら自然が楽しめて
気候も最高。ホテルよりアパートや
部屋を借りて暮らすように旅行した。

ミラノ
出産後の海外出張は、NY、ミラノ、
香港など。2018〜2020年に
通い続けたミラノコレクションは、
SNSが主戦場になる前の
ファッションシーンを思い出す。

[『VERY NaVY』連載開始]

amy_tatsubuchi 2024/04/16

2023年最初の打ち合わせは、女優の加藤あいちゃんと『VERY NaVY』の顔合わせだった。子育てで表舞台から退いていたあいちゃんは、変わらず可憐で私服もおしゃれ。少しずつお仕事復帰していきたい、というご意向だったのでまずは雑誌をご紹介した。私は現状に満足せず、つねに前進しようとする女性の背中を押すのが好きなよう。『エル デジタル』の安楽城ちゃんや Meta のかりんちゃんなど年下仕事人たちは、「誰かを喜ばせるのが好き」、「誰かの役に立ちたい」ってよくいうのだけれど、"我を通すのも仕事のうち"のクリエイター以外、仕事人の根底にあるべき信念とはこれなのかな？「残りの人生は、自分のためだけに生きたい」という心持ちになった時からが、老後の始まりというのかもしれぬ。女性の生き方、年の取り方を日々考察していた私が、気になる女性に心の内をインタビューするようになったのは2023年から。あいちゃんとの打ち合わせ後には、「女性の年の取り方研究」の日頃の成果を共有し、『VERY NaVY』で50代のロールモデルを探す連載を始めることに。最後の編集対象は自分自身、の舵を切る。

[期せずして人生、日記だらけ]

amy_tatsubuchi 2024/04/17
20代はデザイナーの来日日記、30代は海外スタイリストのパリコレ日記、40代は長谷川京子の私服日記、そして50代は雑誌でエイジング研究を発表しながら、Threadsにてmy diaryを綴る。期せずして人生、日記だらけ…。娘たちへの遺言代わりと、後進たちへのエールとして始めたモード編集者日記 。自分史をまとめる意図だったが、人生とはひととの出会いや関わりによって変遷を辿るもの。よって、さまざまな女性たちをご紹介していかねば、完結しないことに途中気づく。資料や写真を引っ張り出したり、関係者や当事者に取材を重ねての情報の裏どり。実名登場の方にはファクトチェックをお願いし、雑誌編集さながらの不思議作業が依然続く🫧 さて、若い頃は年上のインスピレーションを探すものだが、昨年あたりから興味の対象は断然年下。仕事ができて、時代を摑む感度がよく、礼儀正しい令和の女侍たちの生き様を紐解くと、また新しい地平線がみえてくる予感。2023年によく一緒にお仕事をしたぴろことこ、PRの大川博子さんもそのひとり。自分よりプラス5歳、マイナス5歳を同世代と考えると、感覚が若い彼女は私にとっては次世代なのです。

[**PR 大川博子さん**]

amy_tatsubuchi 2024/04/18
『エル デジタル』の富永亜紀ちゃんが、「普段のエイミーさんとThreadsのキャラが違いすぎて…」というので、「そう？ 私AB型だからかな？」とすまし顔でお答えする私。大概の業界人は外向けの顔があったり、小さな自分を大きくみせようとするなか、ぴろこと大川博子は、いつも飾らない自分で誰に対してもフラット。PR歴早20年、国内外のカルチャー事情に精通しており、道を歩けばイケてる若者たちが挨拶に駆け寄る大ボス感。仕事に手加減を知らない情熱PRの彼女は、ひととの繋がりを尊び義理人情に生きている。長年知ってるはずのぴろこをより深く知ることになった、香港のTHE UPPER HOUSEのPRプロジェクト。2027年東京にオープンする、高級ホテルの理解を深めるため共に香港出張へ。活発な彼女のエネルギーを眩しく感じた春はもう1年前（2023年）か。自分の人生に必要なキャストはきっと数が決まっていて、多少入れ替えをしながら進むのでしょう。夫にとってもキーパーソンであるぴろこは、ずっと変わらず我が家のエッセンシャル🖤 人間関係や物を整理したくなる未知の領域50代に、私も入ってまいりました。

[50代の視座]

amy_tatsubuchi 2024/04/20
「フルコースのお料理がきつくなるわよ」、「欲しいものがあまりなくなるの」、「お友達付き合い見直さないと体力的に無理」。諸先輩に聞いていた50代が現実となったいま。今日現在までの感想としては、人生の折り返しにあたり己を見つめ直し諸々整理、後半戦の施策を練るべきが、この50代という厄介な時期なのではないでしょうか? その厄介さは後述するとして、人生の充実には視座を共有できる同世代の友人と、刺激をくれる後輩の両輪が必要。ただし量より質を何においても求めるようになっていきます。ぼんやり我が施策を考えながら、2023年のアルバムを見返すと…コロナ禍明けの2023年東京は、堰(せき)を切ったかのようにイベントだらけ! 韓流セレブ来日も相次ぎ、日本で彼らの撮影をすることも、東京から編集者を飛ばして韓国撮影も増加の一途。ヘアメイクやスタイリストなどスタッフ指定が厳密な彼らは、ひとり世界的スターが生まれると、その周りに降り注ぐ恩恵の大きさたるや。おらが村のスターの経済効果を、まざまざと実感するのでありました。韓流KOLの名がスラスラでてくる若手編集者に「ふむふむ」と頷きながら、誰か教えて、一体いつまでこの感じ?

［長女、サマーキャンプへ］

amy_tatsubuchi 2024/04/22

週末は夫と2人旅行。「そういえばまたエイミーのThreads読んでるっていわれたわぁ」とのんきな彼をやんわりかわす。「振り返り日記、ただいま28年目の夏を疾走中」と声なき声で報告😜 いとをかし。2023年の夏は、長女をバンクーバーのサマーキャンプにいれた。直前にコペンハーゲン出張があった夫から、「ジェンダーイクオリティやエコが進んでる、モダンな北欧がいいのでは！」という急な意見も。そちら方面にもアンテナを立てつつ、いろいろな可能性を探ることにする。自然と街が隣接していて、世界住みやすい街ランキングでは、必ず上位10位以内に入ってくるバンクーバー。ただしコロナ禍明けに増加した、ドラッグ依存のホームレスがなんともインパクト大。ビクトリア島に所在する学校のサマーキャンプを終えた娘は、「こんな遠くまでこないといい学校ってないの？」って、とほほ。いきたい！と本人がいわねば、留学ってどうなんでしょう？ 育児、知育、教育と段階を踏んできた子育ても、最後は本人の意思と決断次第。PRIDEパレードにいそいそと参加し、サブカル大好き長女は、間違いなくうちの子印👶🏻👣 そのやる気スイッチが入る日を待っております（←いまここ）。

[道なき道を切り開く女性のかっこよさ]

amy_tatsubuchi 2024/04/24

2023年後半の写真を見ていると、Soho Houseの日本ディレクター、あやちゃんの笑顔が。THE UPPER HOUSEに続きSoho Houseと、何かとHouseとつくものにご縁があるのか😊 前者は香港のハイエンドなホテルで、後者はロンドン発祥のメディアやアート、ファッション、音楽や映画業界など、クリエイティブな人々が参加する会員制クラブ。才能ある若者支援がモットーなところも魅力的。後者のコミッティーとして、日本のディレクターあやちゃんと定期的に連絡を取るようになった私。彼女はこれまた興味深い人物で、年齢不詳、何人という国籍を問うのもナンセンスな個性。ノマドワーカーで仕事の結果はしっかりだすのが信条。会員拠点となるハウスの上陸が待たれる日本メンバーのため、ローカルアクティビティを計画しPR活動もひとりぼっち、責任を一手に担う孤独な女侍といえましょう。こんなユニークなワーキングスタイルの女性が増えるといいなと、何か彼女のお役に立ちたくなるのです。働き方を設計できる時代に、人との競争ではなく自分のソウルを生き自立する女性たち。道なき道を切り開く大変さとかっこよさは、表裏一体👍

[「こだわり系ベテラン」の背中]

amy_tatsubuchi 2024/04/25

雑誌『VERY NaVY』の連載「50代のロールモデルがいない!?」は、新しい50代像を探すエイジング研究。高齢化社会日本に一石を投じ、これからの女性の生き方をさまざまな角度で模索しております。ドンと構えた見た目とは裏腹に、連載ナビゲーターの私はせっかちな上に心配症。現場編集者時代は誰より入稿が早く、「読者牽引型モード誌」編集者として、自分の描くイメージに被写体とスタッフをも引っ張らねば!と肩に力。よって連載担当者、磯野さんの「読者寄り添い型」編集スタイルは新鮮。被写体をもちあげ、ふんわりスタッフをまとめ、最後に「くるくるポンッ」とまき取る力よ😂 何度かお仕事したことある、同じ編集部の渋沢さんだって粘りの編集。こちらのハラハラドキドキを尻目に、「くるくるスタッ!」と最終着地。その「ベテラン職人」の背中に拍手した記憶が。モード誌とコンサバ誌は、編集アプローチ、スタッフ、ノリ、何かと違うとしても、若かった当時の自分に足りなかったものは、「人材・才能の生かし力[69]」ではなかったか。読モ文化の編集者たちのそのスキルは高く、仕事だけでなく人生のあらゆるシーンに応用できそう、と五十の手習い中です。

69. 人材・才能の生かし力…赤文字系は読モ文化なので、素材そのものを愛で生かす。モード誌は完璧な非日常をつくるのが仕事。プロのモデルに役を与え、理想の世界を創りあげるので、モデルは求められる女性像を演じきらねばならない。

[『VERY』の時代を反映するタイトル]

amy_tatsubuchi 2024/04/27

女性誌とは時代を映す鏡。『VERY NaVY』の話になったので流れに乗って『VERY』を振り返る。先日、編集長の羽城さんとのたわいもない会話のなかで、私のアンテナに引っかかる彼女のひとことが。「最近のママは夫サゲ[70]をしないんです」。夫サゲとは、女性同士で「うちの夫なんてさ」と、夫をサゲる発言でコミュニケーションをとる手法。1990年代半ばに専業主婦率と共稼ぎ率が逆転し、2010年に厚生労働省が「イクメンプロジェクト」を始動した日本。令和型カップルはチームとして対等な夫婦関係が増え、仲間をサゲたりはしない様子。対して私たち世代は過渡期の昭和型ゆえ、夫婦に暗黙の上下関係があり、上司への愚痴を飲み会で炸裂し、鬱憤をはらすOL感に近い。その場ではスッキリ！だが、離婚未満の場合建設的ではない。時代を反映するタイトルの変化が興味深い『VERY』。平成から令和にかけての日本女性史を読み解くなら、この雑誌の分析は欠かせない。ちなみに2005年8月号の大タイトルは、「いつだって『愛される奥様』スタイル」と、夫追随型。好奇心をドライブする表紙検索が続く。

70. 夫サゲ…相談、愚痴、夫サゲはそれぞれ違います。夫サゲは意図的でアグレッシブ。女性同士の会話のなかで、夫をサゲて溜飲を下げ、女性の連帯感を促す行為。

[『VERY』2013年9月号]

amy_tatsubuchi 2024/05/01
私が『VERY』を初めて手に取ったのは、長女を出産した翌年の2010年。「想像していたより大変な子育て期、いったいみなさんどーやってお過ごしか？」という気持ちからだった。当時は「愛され妻」のための奥さま雑誌というイメージ。「イケダンの隣の私」ではなく、「負け犬からのギリギリ婚だった私」にしてみれば、じっくり読むもしっくりこない。その後2012年に次女を出産。久々に「おや？」と手に取った2013年9月号のタイトルは、「働くママの、幸せな時間」。「ハンサムマザー」や「働くママ」の文字が時折登場し、徐々に母親の生き方十人十色、読者層、年齢層ともにググッと広がった気配。この時期の自分は、モード誌は机上の空論、コンサバ誌では物足りない迷子状態だったなぁ…。うっかり『VERY』話に逸れたが、本題の2023年後半に軌道修正せねば。秋には来日イベントが続き、画家でシュルレアリスムの巨匠であるバルテュス夫人、節子さんにお会いするうれしい機会が。82歳の節子さんはご本人も画家として現役でいらっしゃって、創造を続けるエネルギーと品格に感銘。とはいえその気持ちに浸る間もなく、忙しさピークの11月へ😂

[**50代になったある日のスケジュール**]

amy_tatsubuchi 2024/05/02
子どもが2人になった2012年以来10年間、仕事とプライベートのバランス操縦に追われた私。50代に入ると人生の終焉を意識し始め、自分のキャリアで遣り残しがないようコロナ禍明けは走る気でいた。偶然大切な仕事が重なった2023年11月は、まさに分刻みのスケジュール。繁忙期のシフトは早朝5時起きからスイッチオン。1日1食、車中会議を駆使しながら、自走で帰宅するタイミングに呼んでおいたタクシーに乗り換え会食に出発。綱渡りだがなんとかいける！と思っていた矢先、さっと終了するはずのプライベート行事でつまずく。急な変更リクエストを仕事を理由に受け入れられない私に、「断れない仕事ってなんなの？」と詰めてくる先方。「そんなこといちいち説明しなきゃならないのか」と張り詰めていた気持ちがプツンと切れ、大義なき変更理由に脱力する。40代は仕事なり子育てなり、はたまたその両方にみな必死だけれど、50代はライフステージのバラツキが発生。そのバラツキの違いは視座の違いへと繋がってゆき、「女性の真の敵は女性である」（2014年中馬あかね説）通りの足の引っ張りへと発展。50代の厄介さいろいろ、をお伝えしておきます。

[50代の厄介さいろいろ]

amy_tatsubuchi 2024/05/04
過去のエピソードだとどんな話もある程度風化されて、笑ってお届けできるものの、最近のそれになると多少生々しさが。よって先日からNYの佳奈ちゃん、マレーシアのなっちゃん、東京の青木くんという、ベテラン編集者たち3人に日記校正チェックを依頼し厳戒態勢。意外に大がかりだよ、モード編集者日記 。ベテランさんたちはみな同期ゆえ、50代の厄介さも話し合える。よくいわれる更年期および体力体調問題の他に、①仕事をしているか（ひとまず拘束時間で加点）②夫やパートナーが（バリバリと社会的に）現役か ③同居の子どもか親がいるか（人数が多いほど加点）。① - ③全部YES！な私もいれば、全部NO！のひともでてくるライフステージ細分化、が50代。前者はいかねばならない場所や達成せねばならぬタスクがあり、依然時間に追われる身。NOが多ければ多いほど身軽なので、後者はいきたい場所へいき、社会的プレッシャーから解放され、老後へのカウントダウン。ライフステージの違うもの同士は、時間感覚、娯楽や趣味への熱量、視座が異なり、相手を理解する努力なしには異文化コミュニケーションが成り立たない。お互い足を引っ張らぬよう、心して付き合わねばならない。

[2023年よ、さようなら]

amy_tatsubuchi 2024/05/08

METガラのJ.Loをみて、年齢を感じさせない美しさに興奮できたのは己自身が40代。もひとつ裏をよむいまとなっては、「ラテン女性の希望」という信念を築き、彼女に関わる一大プロジェクトのため、J.Loであり続ける戦いを固唾(かたず)をのんで見守っている。ラテンの女侍として身体はってるお姿は、自我なんてとっくに超えたところで生きてそう。責任を抱えた女性の眩しさよ🥹 ふと、50代の厄介さは多々あるが、成し遂げたい信念があれば迷子にならないのでは？「信念と自我」、「50代における視座の違い」について深く考えたのは、2023年冬。ひっそりと俗世を離れ、山奥で今後の人生の舵取りやビジョンを見直したかったがままならず…。ここ10年で最高に忙しかった2023年よ、さようなら。「断れない仕事」がある自分は、ひととチャンスに恵まれ幸せなのだ。人生は猛烈に走りたい時と、そっとしておいてほしい時の両方があるが、その2つが短周期できた凸凹の2023年。「パーティって何歳までいく？」なんて会話も出るお年頃。ずっとキラキラ、みんなでワイワイなんて到底無理。ぐったりおつかれのまま、お風呂も入らず2024年を迎える。

[私の信念]

amy_tatsubuchi 2024/05/10
1995年から振り返ってきた、山あり谷ありのモード編集者日記もいよいよ、2024年に入るところ。1週間に一度しかお風呂に入らなかった2023年12月から翌年2月くらいには、猛烈執筆スイッチオン、「これは何としてもやり遂げよう」と亡き父に誓う。思えばスイッチのきっかけは、「エイミーの断れない仕事ってなんなの」をひとつずつ説明した女侍としては屈辱的晒し首のような不毛な時間。社会でキャリアを重ねるよいことのひとつは、不躾なアタックがなくなること。不意をつかれた衝撃は、いい年してそんなこと説明する必要ある？ したところで状況変わんないし、だいたいこんな無駄な時間使ってる場合か、50代のずーんとした違和感となる。私って、こんな人だったっけ？ こんな時間の使い方していいのか？と、内省と執筆加速に繋がったわけだから、いまとなっては啓示😄 書くことで輪郭がみえてきた私の信念は、次世代やこれからの女子たちが、少しでも生きやすい世界にしてこの世を去りたいという思い。脱いだ下駄を揃え、使った布団を畳むような始末をつける心境か。

[ついに、着替えなくなる]

amy_tatsubuchi 2024/05/13

2024年1月1日に令和6年能登半島地震が発生すると、お風呂に入らないどころか、着替えなくなった私。ファッションのお仕事は、震災や戦争など非常時と真反対のところにあり、なんというか…辛くなる時がある。休み明けになれば、自分のテンションは俗世に揉まれ戻るのだろうか？ セルフコーディネート帳をつけて、365日全く同じ恰好はなしよ！と張り切っていた若かりし日々はいずこへ。冬休みはalo[71]のジャージセットアップをずっと着ていて、「これでも生きていける」自分を認識。重い腰をあげ外向けの「気取った龍淵さん」に戻ったのは、1月5日。スタイリストの仙波レナちゃんに会うため久々に着替えメイクをした。私が「いろいろ思い出したい」と突然いうもんだから、レナちゃんは昔の分厚いブックを持ち参上。ブックをみてあーだこーだいいながら、2人でおいおい声をあげ泣いてしまう。当たり前だけれど、一緒に撮影して走り回っていたあの日々は、もう二度と帰ってこない。同日にNYから帰国中の佳奈ちゃんとも記憶を擦り合わせ、四半世紀続く我らの恒例、今年の目標交換を真剣に話す。その夜は私たちのスタート地点、流行通信社の同期会へ恐る恐る出席してみる。

71. alo…2007年にLAで誕生したワークアウトウェアブランド。機能性とファッション性を兼ね備えるおしゃれウェア。

[小山亜希子ちゃん]

amy_tatsubuchi 2024/05/15
大手数社以外は新卒採用がほぼない、中小の出版社。いまはなき伝説の流行通信社は、何を間違えたか、後にも先にも一度だけ新卒6人を採用した年があり、それこそが私たち。変人揃いの同期のなかで、いまだ雑誌に携わるのは私ひとり、の現実を嚙み締めた夜。ここでいう現実とは、時の流れの速さと変わりゆく出版産業といったところか（ふわっと仮置き）。6人のなかで、いちばん意外な展開だったのは大学も一緒だった小山亜希子ちゃん。流行通信→フリーランス→新潮社と、安定路線を進むかと思いきや、43歳からワインの勉強を始め46歳で退職。いまでは大好きなワインバー勤務。若い頃、カルチャーの素養も、文章のうまさも、私より全然上だった彼女が羨ましかったんだよな。美輪明宏のライブや単館上映のフランス映画を一緒に観に行っては、瞬きもせず感想を熱く語っていた亜希子ちゃん。サブカル女子は43歳で結婚し、なりたい自分と目的が明快、充実感に溢れているではないか！ 同期会から帰宅する道すがら、佳奈ちゃんと今年の目標を交換しようとするがうまくまとまらない。あれれ、ひょっとして？ 新しいことに挑戦するより、何かやめることを目標にするべき時なのか？

[スピ系でない私が、お酒をやめた理由]

amy_tatsubuchi 2024/05/17

奇しくも『エル・ジャポン』の2024年3月号の好評特集のひとつは、「心がすーっとラクになる　2024年にやめる16のこと」。溢れる物と情報、環境問題や政情不安の現代。斎藤幸平の『人新世の「資本論」』をはじめ、資本主義の次のフェーズ、「成長なき幸せ」を唱える書物もヒット。私がやめたいことを目標に入れたのは、年齢のせいだけでなく世相からくるところもありましょう。1月は目標を他人（佳奈ちゃん）と共有し、自分の考えを文章に起こし（Threads）、確定申告のため税理士さんに通帳の控えを渡すという、ある意味裸を見られるくらい恥ずかしい作業が続く。こうして自分と向き合い、時間、お金、気持ちの配分を考え膿をだしたら、急ぎやめるべきは2つ。「なんとなくの人付き合い」と「お酒」は、もう自分には必要ない。正確にいうとお酒をやめたのは4月。スピ系ではない私がたまたま受けたヒーラーセッションの後、不思議と自然に受けつけなくなった。ヒーラーのあさみさんからいただいたお言葉は、「自分のソウルを生きてください♡」。人生の核心を突くひとことを胸に刻み、やめたいこと、やりたいことが混在の2024年に歩みを進めてまいります。

[今年は静かに過ごしたい]

amy_tatsubuchi 2024/05/21
大島裕子ちゃんが元気のない私を察し、花束を抱えぶらりうちにやってきたのは、1月6日。私のもやもやをただただ聞いてくれ、その夜はひたすら優しかった。「エイミーの気持ちわかる！」と寄り添ってくれる友のありがたさよ、と痛み入る。そうして迎えた休み明けには、久々に夜ロケ撮影立ち会い。真冬の現場の過酷さのなか、お腹をだして笑顔でポーズをとる森星ちゃんを拝む。「父が初めて母にプレゼントしたのは、森英恵のドレスだったなぁ」と、記憶の隅にある小ネタまでポップアップ🫠 2月には家族行事の節分を、厄祓いの気持ちで例年に増して真剣にやった。「今年は静かに過ごしたい」というそぎ落とし気分を「鬼は外」の豆に託す。あわただしい現実にアジャストするだけで精一杯の年始は瞬く間に過ぎ、1月末のエド・シーランライブにて、おや？と気づきが。ギターを抱えた彼だけのステージは、派手な衣装チェンジや大がかりな演出もなく（ちょろりと炎があがり、一瞬 ONE OK ROCK の Taka 登場）、まさに歌一本で東京ドームが熱狂。ステージ下で支えるスタッフ、家族、友人はいても、結局は自分で船を漕ぎ出し切り開く者しか輝けない、とステージと人生を重ねた夜。

[編集者ってやっぱり必要]

amy_tatsubuchi 2024/05/24
モード編集者日記は、6月のパリオートクチュールにて、第5章終了目標。私設担当編集者のマレーシアのなっちゃんが、ひとつ前のポストに、「エド・シーランだって舞台で輝く時期と充電期間があるはず！」と励ましのひと声。その存在は、『24時間テレビ』のチャリティーマラソン伴走者の姿に重なるところがあり、編集者ってやっぱり必要なんだなと再認識する。自らの心の内に向き合い、書き続けるのはなんと孤独な作業か（依頼があるわけでもないのに🥲）。仕事の合間に今年の目標リストを見返し、簡単なものから着手していたのは2月から3月だったか。これまで効率重視できたお料理を、人生や物事の本質を考えたい今年は、強化案件のひとつに入れた。週末には料理教室をウロチョロし、シンガポール在住のママ友、はずきちゃんのクッキングリール動画をチェック。海外で3人の子育てしながら、「主婦大好き」と言いきる彼女の実力に感動する。はずきちゃんみたいな海外駐在妻だけでなく、親子教育移住が増加の昨今。どこかのタイミングでそんな数年があるのもよいですね！と、日本女性の広がる人生の幅に思いを馳せる。ようやく日記がリアルタイムに追いついてきた！ いま5月🥲

[人生はドラマ]

amy_tatsubuchi 2024/05/30
ここ最近の気圧の関係でずっと片頭痛な上、ガザの難民キャンプ爆撃映像が頭から離れず、日記どころではなかったよ…で現在すでに5/30 木曜日。このまま今日の日付で文章をしたためたらいっそ楽だが、過去から今日に向かって進行中な Threads ダイアリー。書くべきは今年 3 月あたりのトピックか。この月は会ったことのない、はとこに遭遇した。しかも歌舞伎町の焼肉店で偶然隣り合わせ🥺 彼が話している会話から、「あれ？ 隣は、きっと私の親戚だよ」と、話しかけたらビンゴ。人生って時々ドラマみたい。月末には PR 会社社長の平尾香世子ちゃんと近況を交換。「ある時から何があっても動揺しないように、自分の感情に蓋をしてた」と彼女のさらっと語るひとことに、経営者の孤独を感じる。最近のファッション PR の流行は、大きな会社を構えずフリーランス。組織だからこそ、よい仕事をやっている香世子ちゃんは、同世代ファッション業界を代表するひとり。キラキラ輝く見た目の人生より、「白鳥の水搔き」の水面下に広がる景色の話が興味深い。色違いのエルメス、お席のとれないレストラン、ジェットセットライフ、買えない時計とアート、あぁすべて諸行無常。

[私の「視座」]

amy_tatsubuchi 2024/06/01
2024年4/2、某ラグジュアリーブランドに転職した後輩の奈帆ちゃんと、スタイリストの椎名直子ちゃんと朝ごはんの約束。転職先はどう？との私の問いかけに、「フランススタッフの視座の高さに学びがあります」と答える奈帆ちゃん34歳は、もう私のかわいいベイビーではない。「視座」とはなんとよい言葉であろうか、自分と同じ視座の友人は人生における財産。一方の椎名直子ちゃんはスタイリストとして十分成功しているのに、時々横道を進む独自の動き。その昔はカフェでアルバイトを始めたり、糸の切れた凧状態でフランスをふらふら。「撮影できないから、そろそろ帰っておいでよ」の帰国催促の電話、私、したよね？ またうっかり横道病発症なご様子に、「自由」と「自立」を考えさせられる。人生100年時代は、なりたいものがひとつでは足りないのやもしれません。4/3には前述のハワイのヒーラーあさみさんのセッションを受け、めまいでくらくらしたり。香世子ちゃんおすすめの呼吸法の先生に身体をちょくちょく整えてもらったり。いろんなひとにヒントや助けを乞い落ち込み期を脱却。最後は自分で立ちあがろう、とパリオートクチュールコレクションのプレスチケット申請をだす。

［「あなた、一体どういうおつもりで?」］

amy_tatsubuchi 2024/06/03
4/12 は Meta のかりんちゃんとランチをした。念のため、Meta とは Facebook 社の新社名。『BRUTUS』や『GINZA』の編集を経て Meta に転職って、いまっぽいキャリア変遷の彼女。グローバルパートナーシップというチームに所属し、Meta のプラットフォームを活用してクリエイターやタレント、著名人、アスリート、そしてメディアのゴール達成をサポートするのがお仕事。私が Threads 日記を頻繁にアップしていた時期に、DM をくれて会う約束をした。「あなた、一体どういうおつもりで、今後どのような展開お考えでしょうか?」的な問いかけ。つもりも何も、スイッチ入っちゃってねぇ…。身の上話と展望を、ピカピカのジャヌ東京でしんみりとご披露する。そういうあなたは見たところファッション大好きな感じだけど、こちらの業界に未練はないのかい？と逆取材をして帰ってくる。編集とは、誌面やデジタルコンテンツの制作に限らず、おもしろい素材をみつけて料理すること全般を意味するのでしょう。いろいろな職種で編集能力って生かされている。結婚、出産も早く、何かと次世代編集者を感じさせる彼女、今後も動向を追いかけたい😄

My Style
＃風呂キャンセル界隈スタイル

右のジャージを着たまま
上だけシャネル着用、香水かけて
ごまかす。

風呂に入れない日はたいてい
ジャージにソックススタイル。
SKIMSのジャージは着心地抜群。

オンラインミーティング
が増えて以来、もっぱら
ジャージ。風呂が遠い日々。

[夫はもしかして親友?]

amy_tatsubuchi 2024/06/04

4/20-21 結婚前から通う、三重県鈴鹿市の椿大神社へ夫婦でお参り。14歳と11歳になった娘たちは週末忙しそうだし、最後に残るのはやはり夫か。もっと夫婦時間を増やして、来るべき時に備えようと話し合う。「老後、おじさん同士で毎日ゴルフとか退屈で無理！ いまの仕事じゃなくても生涯現役でいくわ！」といいきるおじさん（夫）に、おぉ、私を巻き込まないでくださいよ、と心のなかで合掌する。いつの頃からか、時々我が家のリビングで明け方にコソコソと話し声。そーっとのぞくと若者と語らう夫の姿。そう、彼はおもしろい若者をみつけてきては、次のワクワクを探している。はみ出すことができなかった真面目サラリーマンの義父は、自分と真反対の生き方をする息子を、草葉の陰から楽しんでいるかな？「息子さん、相変わらず落ち着きませんよ」と神社でお義父さんにも報告。夫婦旅行って、お会計もお互い阿吽の呼吸だし、車の運転も交代、重い荷物は持ってくれて、よく考えたら快適。この年になると、旅行や食事は外側より中身、誰といくかって最重要では？ 対等な関係を求めて私たちなりに努力してきたが、私はもしかして、親友と結婚しちゃってるのかな。結婚16年目の春。

[「固執」しない生き方」]

amy_tatsubuchi 2024/06/06
「月日は百代の過客にして、行きかふ年もまた旅人なり」。松尾芭蕉が『おくの細道』を発表したのは、元禄15年（1702年）。そこから322年後のデジタル現代2024年、月日は驚くほど早足で、仕事と家事に追われ反抗期の娘に手を焼いていたら、瞬く間にGW明け😌 5/12 国際教育フェアへ出向く。ファッション媒体の他に@brightchoice.jpという、新しい教育とライフスタイルを考えるウェブメディアの監修をしており、この日はお仕事参加。日本の国際学級および学校紹介はもちろん、近年では親子教育移住やアジア圏ボーディングなど、学びのバリエは広がっている。マレーシア、カナダ、沖縄のインターナショナルスクールの説明を聞きながら、学歴、人間、物、職業、住居…風の時代のいま、何かに「固執」するのは苦しく無駄な気がしてくる。「固執」と「愛情」、「固執」と「信念」も違うよねぇ、と活気づく会場でひとり考察スイッチオン。その時必要な場所に住み、なりたいものがひとりの人生で2、3あるくらいが今後はいい感じでしょうか？ 享年51歳の芭蕉先生と同じ年のいま、私は再び考える。「さて、次は何になりましょうか？」

[己に正直に生きる]

amy_tatsubuchi 2024/06/07

5/17 フリーランス PR のまなとブランチ。ちょっとした仕事の打ち合わせと近況をアップデート。5年近く付き合った彼との結婚準備も進んでいるはず！が、会うなり「私、やっぱり、立ち止まろうと思って、（彼との新居をでて）ひとり暮らしを始めました！」。ええーっ、条件ばっちりだよ、あなた40歳だよ、どーすんのよこの先…頭によぎるすべての言葉を喉のあたりで抑え、昨今の卵子凍結事情の話をして打ち合わせ終了する。仕事は乗ってるし、自分の気持ちに嘘をつく必要もないか。己に正直に生きるとは、最大に幸せで最高にハードルが高い。「あえてゆきます、茨の細い道」な妹分を誇りに思いつつ、翌日からの天橋立旅行のパッキング。2024年版バージョンアップの私は、「遊びにおいでよ」のお言葉いただけば、「世界中訪ねてまいりましょう」とマインドセット。小さな世界で固まらず視野を大きく広げ、次のステージへ前進したい。

[自由とは何か]

amy_tatsubuchi 2024/06/09

5/18-19 家族で天橋立の河原シンスケ[72]さん宅を訪ねる。シンスケさんは、「うさぎ」を描くことで有名な、パリ在住の世界的アーティスト。海の京都[73]にて古民家に驚きのリノベーションを施し、古さと新しさとパリのエスプリ全部が調和するオリジナルワールドを完成させた。モダンな空間にデザイナーズ家具を買い揃え、おしゃれ！と満足しがちな日本人のインテリアレベルの3段階くらい上な感じ。パリを拠点に、東京、LA、仕事に応じて移動しながら京都で羽を休める。才能があり成功したひとならではの、「自己表現（ライフスタイル）」の極みをみた。戦争という究極の不自由が現在進行形で起きているからか、「自由」について考えることが多くなった私。5/23 展示会移動で車に乗せた『エル』の後輩、安楽城ちゃんに、シンスケさんについての報告からのお得意の禅問答。私の問いは「自由とは？」。突然降ってくる質問の矢がお気の毒だが、「ある方が自由とは権力、って。そういう考えも新鮮でした」との返し。どんなアタックだって安楽城ちゃんがレシーブできなかったことはない。「じゃあ権力って永遠？」と展開するから、うっかり先輩の車に乗るのは危険🤣

72. 河原シンスケ…パリ在住アーティスト。エルメス、バカラ等の広告を手がける他、店舗のディレクションやホテルのデザインなども手がける。
73. 海の京都…京都府の北部地域に位置する日本海に面した地域。

[浦島太郎に気をつけろ]

amy_tatsubuchi 2024/06/11

最近よく思い出すのは、20代の頃、スタイリストの渡辺いく子さんからレクチャーを受けた「浦島太郎に気をつけろ」説。当時私は『フィガロ』編集部で、レッドカーペットセレブのおしゃれ分析を、いく子先輩とあーだ、こーだと編集していた。残業で夜も更けたある日、「この業界は竜宮城よ。蝶よ花よと、華やかなパーティはたくさんあるし、普通は入れない場所や会えないひとに辿りつけるじゃない？ 自分を見失って踊り続けちゃうの。でも名刺なけりゃあただのひと。気づいた時には浦島太郎で、年取った老人の自分しか残らないから」とのお言葉。まやかしの世界の小さな権力を自覚し、個としての自分を社会で磨くようご指導いただく。結果、いく子さんは、現在60代コーディネートを提案し、講演や執筆に依然ご活躍中。精神的、経済的、時間的自由を考えると、ゴールは名刺に頼らない自分になることか。先輩はフリーランスをおすすめしたわけではなく、「会社員であっても個人としてどう社会と関わるかを怠るな」とアドバイスしてくださった。「浦島太郎に気をつけろ」をリマインドしつつ、ひとつ前のポストで話題にでた自由と権力はイコールではない、と思うのです。

［これは終活？］

amy_tatsubuchi 2024/06/13
5/22 長谷川京子ちゃんと『ハムレット』の舞台を観に行く。舞台や映画後に作品と人生について語り合うのは充実した時間。今年は京子ちゃん、裕子ちゃん、実香ちゃん、青木くん、友恵、遠くは佳奈ちゃんに自分のもやもやを話して何かと助けてもらった。いただいたご恩をいつかお返しせねば、と顕彰代わりに名前を列挙。この頃になると、Threads の 500 ワードはなんとなくの塩梅でスラスラおりてくるようになっていた私。箱組みキャプションで鍛えられた、字余りなしの 500 ワード納品ができる職人技！が、残念ながらその能力ここでしか役に立たない😂😂😂 プレスの方に、「龍淵さん、執筆でお忙しいですもんね」と労いの声をかけられ、「あ、でもこれ仕事じゃないですし」と慌てて返事をする。日記は娘と後進たちへのメッセージか、これまでのキャリアの終活の一環か、自分を取り戻す旅なのか、はたまた新しい自分への脱皮か…きっとそれ全部なのでしょう。とりあえず 2024 年 5 月まではこれにて終了。いよいよ、タイムラインがリアルにほぼ合致する、6 月に入ってゆきます。パリはもうすぐそこ！

[若さを考察する]

amy_tatsubuchi 2024/06/14

6/2 日曜日の夜、カリフォルニアのカラバサスから来日している家族とファミリーディナー。カラバサスといえば、キム・カーダシアンでお馴染みの全米を代表するセレブの聖地。なんてったって1ドル150円超えの驚きの円安時代。彼らからすれば、すべてが安くてサービスや食べ物の質が高く、独自のカルチャーがある日本って最高！ このディナーで注目は、アメリカで成功したイタリア人夫をもつ、ベトナム系アメリカ人メイクアップアーティストの妻、61歳。11歳年下の夫とは40歳の時に2度目の結婚で娘が1人。現役感溢れるそのお姿に、大国アメリカのダイナミズムと己の小粒感を鑑みた。若い時分は年上男性を頼もしく感じ、後ろをついていきたくなるが、ある時点で追いついてしまい、年下男性が眩しくみえるのは女性あるある。自分にないものを相手に求める相互補完関係か似たもの同士か、夫婦って主に2パターン？ 6月は「若さ」を考察。6/6 青木くんと香世子ちゃんとオーバー50の整形しすぎ、はしゃぎすぎ、食べすぎ、飲みすぎ、しすぎは何事もおしゃれにみえないと話し合う。「過ぎたるは及ばざるが如し」、中庸を生きる難しさを痛感する新月の夜。

[ベッドシーンに問われる私]

amy_tatsubuchi 2024/06/15

6/7 ゼンデイヤ主演の話題の映画、『チャレンジャーズ』鑑賞のため、ロエベ主催の特別上映会に出席。ロエベのクリエイティブ・ディレクター、ジョナサン・アンダーソンが衣装デザイナーとして参加した同作品は、複雑な三角関係とテニスの心理戦を大胆でリズミカルなカメラワークで描く。褐色で薄い身体のゼンデイヤは存在自体がおしゃれで、プロデューサーとしても名を連ねる27歳。長い手足とお尻に魅了されるベッドシーンからは、生命体としての圧倒的なエネルギーが！ 右脳でゼンデイヤに見惚れながら、左脳である別の映画を思う。それは寺島しのぶが瀬戸内寂聴を熱演した『あちらにいる鬼』（2022年公開）。銀座の小さな映画館で、アラフィフ寺島しのぶとアラ還豊川悦司の濃厚な濡れ場を、高齢者だけの観客に囲まれ拝見。邦画独特の湿度の高さと俳優陣の演技力は素晴らしいが、なんというか、ラブシーン気恥ずかしく直視できず。むしろこのシュールな状況にいる私をどこか俯瞰でみてしまい、「若さ」への固執と羨望が自分のなかにしっかりあることを再認識した。ベッドシーンとは演じる側の覚悟と同時に、観る側の成熟度も問われるのだという発見。

[人生の後半にピークを持ってくる]

amy_tatsubuchi 2024/06/19
子どもたちの学校は夏休みに入るのが早く、毎年その前の1週間はいっそうバタバタ。犬の散歩もすっかり夜になってしまう 6/10 の週、近所の小さな神社で真摯にお参りをする若者の立ち姿をみる。凜とした佇まいが美しく、私もその神社の前を通る時は、必ず手を合わせることにした。今日を無事に生きたことを感謝してお賽銭を投げる、自分にこんな日がくるとは…「祈る手に 感慨耽る 夏の風」（ここで一句）🥹 6/17 アジア最大級の国際短編映画祭、ショートショートフィルムフェスティバルの授賞式に出席。グランプリ授賞作品は若手監督森崎ウィンの『せん』。主演中尾ミエ 78 歳の輝きに、いくつになってもクリエイティブでいること、何かをつくり生み出すことが大切であると学ぶ。外にでて働く仕事に限らず、子育てだってとってもクリエイティブな作業だが、正味 10 年ちょいといったところか。受賞を「人生最大の幸せ！」と喜ぶ彼女に、後半に大小のピークがあるほうがよいな、と思う。消費するだけの生き方や同じことの繰り返しに陥らぬよう、やはり準備を急がねば！目の前の旅行のパッキング準備がまだ終わっていないというのに、フツフツと湧いてくる新しい気持ち♡

[いざ、パリへ]

amy_tatsubuchi 2024/06/30
6/19 パリ到着。この時期のパリはメンズファッションウィーク、オートクチュール、ハイジュエリーの展示会、レディースのプレフォール発表が重なり、モードカレンダー的に大賑わい。NY、ミラノ、パリ、とコレクションはすべてみてきたが、オートクチュールだけ未経験、と思い立った私。パリ出張の夫、夏休みの子どもたちと、こうなったら一家で大移動。現地には『エル』後輩の佐保ちゃんもいるし、シッターバイトをしてもらえるかも。彼女は東京の忙しすぎる生活を脱出し、イギリスからフランスへ流れついた32歳。あれよあれよという間に展開する数奇な運命に驚くも、遠い異国でのチャレンジは不満な現状に立ち止まるより百倍よい。今回は仕事を最小限にしてプライベートを充実させよう！と決めたら景色が違うよ、パリって最高！『プラダを着た悪魔』時代の私（悪魔ではなくアシスタント役😆）が宿泊していたホテルは、ルーブル近くのシャビーな一軒。お金も時間もなかったが文字通り一所懸命。過ぎてしまえばあの感じこそ、キャリアにおける青春ではなかったか？ あれこれ考える一方で、街のおしゃれさんを、ついスナップしたくなる悲しき性。6月末、パリはもう夏。

[これぞ本物のモードデザイナー①]

amy_tatsubuchi 2024/07/05

6/22 ドリス ヴァン ノッテンの最後のショーが話題のパリコレ。アントワープの6人[74]を代表する彼は66歳、38年間にわたるデザイナー人生に幕を引く。インフルエンサー施策なしにセレブに愛され、デザイナーとしての公人の姿しか世間には見せず、己のデザインへの評価のみで勝負する。彼のような本物モードデザイナーは少数派な令和の世。(シャネル、ディオールなどビッグブランドはまた別ステージ)。私はやっぱりデザインのプロが作る服が好き。myベストドリスは、2005年パリでみた。真っ白なステージ上、ずらり並ぶシャンデリアに照らし出されたオールホワイトの春夏コレクション。色と柄の匠が提案した白のシーズンは、その後ベストルックとして撮影したなぁ😊 2009年青山店オープン時お会いした優しく知的なご本人に、結婚するならこんなひと♡と別アングルの的外れな妄想まで飛び出す始末。最新インタビュー検索の結果、『GQ US』版独占取材のリフト記事がいち段深い。引退したからって同年代のひとばかりと付き合わず、情報とビジョンを若者と共有したい、大切なのはリスクを冒すこと、などなど、御意に！と頷くお言葉ばかり。

74. アントワープの6人…ベルギーのアントワープ王立芸術学院出身のデザイナー6人。アン・ドゥムルメステール、ウォルター・ヴァン・ベイレンドンク、ダーク・ヴァン・セーヌ、ダーク・ビッケンバーグ、ドリス・ヴァン・ノッテン、マリナ・イー。1980年代後半、6名が共同でロンドンの「The British Designer's Show」にてコレクションを出展。世界中から注目を集め「アントワープの6人」と呼ばれるようになる。

[これぞ本物のモードデザイナー②]

amy_tatsubuchi 2024/07/08

ドリス・ヴァン・ノッテンの関連記事として、トム・フォードの引退のトピックが出てきて読み込んでしまう。大物デザイナーであればあるほど、私生活はヴェールに包まれているからして、彼らの肉声を聞けるのはやはりインターナショナル媒体の底力。私のモードへの目覚めは、90年代トム・フォードによるグッチとスーパーモデルブームだったと原点回帰。トムがいなかったら、いまの職業には就いていないに違いない。1995年秋冬、アンバー・バレッタがキャンペーンモデルを務めたグッチのモッズルックは、髪型から洋服まで完コピ。当時のお小遣いとアルバイト代を、グッチにいくらつぎ込んだことでしょう。青春時代を彩ってくれたデザイナーが歩みを止めると、自分史の目盛りを否が応でも意識する。インタビューでつまびらかになるのは、2023年に引退したトム・フォードの近況。最愛のパートナーに先立たれ、喪失感から抜け出せない様子。一代で成功と巨万の富を手にしたわけだが、幸せパズルってなかなか完成しないもの…一方で彼が奏でたモード狂想曲の裏話は、ドラマを観るようなおもしろさ。

[デジタル編集者＝マグロ漁師!?]

amy_tatsubuchi 2024/07/15
6月はさっさとパリオートクチュールのことを書く予定だったのに、ドリスの引退からあれよあれよと脱線が始まり、さまざまなデザイナーインタビュー記事をオンラインで熟読。デジタルコンテンツの編集者って、まさに日々大海に小石を投げるが如く。ブーストなしに海底に埋もれている渾身の良質な記事があったりして掘り起こしてみた。次々と情報量産、上書きする令和の現場編集者として必要な資質は、小石にセンチメンタルな感情は抱かず前進あるのみ。可視化される数字達成に喜びを感じることが大事といえましょう。『エル・ガール』のコンテンツマネージャー、石塚ちゃんいわく、「SEOとか確実にヒットするキーワードはもちろんありますが、そうじゃないオリジナルコンテンツは、長年デジタルをやっているとみえてくる勘があるんですよね。それが予想通りヒットしたら気持ちよくてまた次！みたいな。ブルーオーシャンを探すのって楽しいんです」と大漁を狙って海に出るマグロ漁師のよう。編集長を頂点とするピラミッド型の「義理と人情の女侍」から、ピラミッドの傾斜ゆるやかな「撮れ高勝負の女漁師」へ。現代における女性編集者たちの変容を切に感じます。

[未来のファッション誌の形とは…?]

amy_tatsubuchi 2024/07/18
そもそもファッション雑誌編集者とは「それ、気分だよね!」のふわふわを形にする、日々の暮らしの彩りというか、余剰のところで生息する気分産業従事者。撮れ高および数字意識コンシャスな女漁師(デジタル編集者)たちが牽引する、デジタル媒体全盛の令和の世。紙媒体の可能性はもうなし? ポップカルチャーとしてのファッション写真は趣味人の娯楽か? その自問に対する自答をつらつらと。14歳の娘がパリで行きたい場所のひとつに挙げたのは、セーヌ川左岸にある、シェイクスピア・アンド・カンパニー書店。レトロでかわいい本屋さんの存在はTikTokで拡散され、彼女はそこで買い物をし、オリジナルトートバッグに本をいれて歩きたい。つまり本と経験を買っている。近い将来の雑誌の理想形は、クリエイティブの質と情報や内容の深さにこだわってつくる季刊誌。売り方にももっと戦略が必要になりそう。例えばアメリカの『HommeGirls』は、世界中で読まれる英語媒体という強みはあれど、アパレル販売が紐づいて成功した季刊誌。『HommeGirls』が家にあることがおしゃれで、その世界観を経験体感できるのだ。

[モード編集部は特殊ワールド]

amy_tatsubuchi 2024/07/21
時系列で綴るはずが脱線しまくっている、モード編集者日記。編集者とはふわふわを形にする気分産業従事者、と書いた瞬間浮かぶ元マガジンハウスの古谷先輩のお顔😊 先日も表参道で「エイミー！」の声に振り返れば、ご機嫌なハットを被った古谷さんの笑顔。こちらもつられてつい頬が緩む。ジェンダー・ギャップ著しいこの国で、モード誌編集部は女性が強い特殊ワールド。猛女に打ちのめされるお気の毒な男性たちをみてきたけれど、先輩あたりはどう凌いでいらしたのか？ ご本人いわく「女性編集者たちは往々にして意見を求めているのではないのです。話をよく聞いて、こちらの考えを押しつけないことです」と、男女関係の極意ともいえるような達観のお答え。『GINZA』15年、『Casa BRUTUS』8年等々、熟練エディターのお言葉が続く。「ボクらは雑誌編集者なんで比べてしまうけれど、デジタルのひとは雑誌との違いなんて気にもしてないんだろうな。ボクら頭硬いのかもよ」ですって😄

[次なるビジョン]

amy_tatsubuchi 2024/07/23

6/22-23 仕事合間の週末は、某ラグジュアリーブランドPRの裕子ちゃんとお得意のウロウロ in パリ。Soho House 視察、ショッピング、アート鑑賞、オペラ座バレエまで忙しなく動く。活発な友は、早口、早飯、前のめりで、テンポが合う楽な相手。前回海外で一緒に過ごしたのは、私が2人目妊娠をひた隠し、サラシでお腹を巻いて参戦のミラノコレクションだったか。あの当時もいまも、自分が変わりたいタイミングは、なぜか彼女に所信表明したくなる。お互いの仕事、家庭、人生のビジョン、アートと映画、インテリアなど、話はあちこち、ぐるぐる、一日終わると喉カラカラ😵 遠く離れた異国での意見交換は、「日々の些末な出来事は捨て置き、もっと大きな目標に向かって生きるべし」と気持ちをリフトアップ。「大志を抱け！」のインスピレーションとたくさんのアドバイスで、次のビジョンはこの週末固まった。明日からはショーとハイジュエリーの展示会。ひとりで回るコレクションは、20代のロンドン以来。パリ在住、後輩の佐保ちゃんにセレブコメント録り用のELLEマイクを託され、若干の気がかりだけれど🙄 とにもかくにもオートクチュールへ！

[これがパブロフの犬ってやつなのか…?]

amy_tatsubuchi 2024/07/25

6/24 パリ朝イチのアポは、セリーヌが新しく発表するボーテコレクション。パリの赤、究極の赤といえるようなリップが印象的。発表会場のホテル・リッツをふらり歩いていたら、「エイミー!」とTASAKIのPR奈良さんに捕獲され、そのままハイジュエリーの発表会へ…なりゆきあり、アポありであっという間にディオールのショーの時間が迫り焦る。それでもやっぱりひとりって気楽なんだな、私、集団行動が得意じゃないんだなと、本来の自分を再認識。オリンピックを控えたパリの交通状況は最悪で、通常車で20分の距離に、1時間かかってロダン美術館に到着。会場の壁面には、アフリカ系アメリカ人アーティスト、フェイス・リングゴールドの作品が圧巻のモザイクアートとなっており、これから始まるショーに胸高まるばかり。そしてやっぱり、というか、待ってました! というべきなのか、かつての上司にして、私の『プラダを着た悪魔』さんの塚本元編集長現る。「ショー会場では諸先輩方にご挨拶を忘れぬように」と、その昔ご指導くださったお師匠さま。お姿拝見するや急いでご挨拶、やや背筋が伸びる思い。これがパブロフの犬ってやつなのか😂

[編集者は生涯現役]

amy_tatsubuchi 2024/07/27
オリンピックイヤーのパリ。ディオールのオートクチュールは、古代ギリシアやローマから着想をえた、ドレープや彫刻的クチュールドレスが圧巻。ショーから帰る車は『25ans』の伝説的編集長で、『Richesse(リシェス)』現編集長の十河さんに乗せていただく。「今回はロンドンで撮影立ち会いして、パリに入ったの」と涼しげに語る編集長は、確か私より10歳ほど年齢が上、つまりは還暦超の大先輩。現場をこよなく愛する十河先輩に対して私は、（写真と雑誌への愛情は変わらないけれど）ある時期から「もう出来上がったものがみたい！」と人生を軌道修正。合理的に事が運ぶのを好むようになったわけだが、この日はラグジュアリーかつエレガンス香る先輩との会話に惹かれ、ついつい展示会まで同行してしまう。（興味あるひとが現れると、ふわーっとついて行くのは非合理的🤣）本作りが大好き！なだけでなく、豊富な知識と教養、素敵な会話術がなければセレブ読者を引っ張る編集長は務まらないなぁ、と先輩を観察してしまう。モード誌とはまた別次元、ソーシャライト社交術の匠は、展示会の後再び撮影現場へ急行😆 情熱と特殊技能があれば生涯現役です。

[パリで観察、ニコール・キッドマン]

amy_tatsubuchi 2024/07/29

情熱と特殊技能があれば生涯現役…十河先輩と同カテゴリーのずっと先には、人生の大先輩、黒柳徹子さん。やっぱり私ならではの技能をもっと磨くべきよねぇ、と考えながらディナーに向かう。この日は長年お付き合いのあるデザイナー、ピエール・アルディ[75]カップルと。彼らは2014年に同性婚をしたいつもスイートな2人。デザイナーのピエールと、ビジネス面の舵をとるクリストファーは、公私に亘(わた)ってビジョンを共有しており、クリエイティブがゆえに神経質なピエールを、クリストファーが優しくサポートする。子どもがいないからこそ互いにフォーカス、ラブなムードはクリストファーの力量でしょう。未熟者の私などは、会うたびに教えを乞う気持ち。ファッション、媒体、アート、旅、更年期の話をゲイカップルと満喫していたら、視界の端にニコール・キッドマンがみえるではないか！ 薄くて白いニコールは、バレンシアガのサングラスをかけ、どうにもこうにも発光するオーラ。「美しさとは資質なだけでなく、努力、経験、挑戦を続ける緊張感。そして優しさがつくるのですよ」の吹き出しを女神さまから感じとる私。夕暮れのパリを家族で散歩しながら、忘れない日がひとつ増えたことを反芻する。

75. ピエール・アルディ…フランスの靴&バッグデザザイナー。エルメスのアクセサリーも手がける。

Photo Album
\# 愛のメモリーズ

約15年来のお付き合いがある、デザイナーのピエール・アルディ(左)とパートナーのクリストファー。
大きくなった2人の娘を連れて訪れた2024年、パリの夏。

[シャネルのオートクチュール]

amy_tatsubuchi 2024/08/01

世間はパリオリンピックで盛り上がっているというのに、コツコツと自主トレのように日記を続ける私。6/25 シャネルのオートクチュール ショーをもって、第5章の大団円を迎えんとしている、モード編集者日記。各章のボリュームバランスは悪いが、とりあえずドラマなら、ここ、ひとつの山場といったとこ😌 大学生の時に『ファッション通信』というTV番組が大好きで、大内順子先生[76]のコレクション解説を食い入るように見続けた。なかでも恋い焦がれたのはシャネルのオートクチュール。6/25の今日、私はファッションのプロとしてフロントロウに座り、自分が働いて買った最新のシャネルを着てショーをみる。目指してきた女の生き様を凝縮したこのモーメントに、仕事以上の熱い思いの朝 in パリ。会場のオペラ座は入り口から人が埋め尽くされ、ただならぬムード。いくつもの階段を登り着席するまでが、まさにこれまでの紆余曲折な人生のように感じられ、煌びやかなアプローチと人々の華やかさにワクワクする。すでにさまざまな思い出が走馬灯のように流れ始めるが、この瞬間に集中しよう。私はいま、お金では決して買うことのできない妙味、そのど真ん中にいる。

76. 大内順子先生…『ファッション通信』の名物司会者にして、ファッションジャーナリスト。(1934〜2014年)

[ショーが始まる瞬間、頭の中では]

amy_tatsubuchi 2024/08/02

（前ポストから続）ショー開始のベルが鳴り響くと、イギリスのプログレッシブ・ロック・バンド、レア・バードの『Sympathy』が流れ、ファーストルックは、スタンドカラー、フルレングスのオペラケープ。さぁ、集中！のこの時、困ったことに頭の中では私の人生劇場も同時進行で始まってしまう😂　紫のオンボロ社用車でかっとばした新卒時代から始まり、タバコの煙にまみれた残業後の明け方、テカリ顔と重い足で歩いた権之助坂。海外フォトグラファーと意見を戦わせ悔しくてワンワン泣いたNY、出産後フリーになった仕事が気に入らず、雑誌を夫に投げつけた場面も！ 病気の子どもを抱え校了の創刊号、海外出張前日は徹夜で子どもたちの準備をしたっけ…。よりによって思い出すのは本気で働き、あがいた不恰好な自分ばかり。そんな映えない過去の自分に対して、いまのいま、目の前を通過するパールやビジュー、クリスタルに羽根など、オートクチュールならではの装飾が眩い(まばゆ)コレクションは、もはや洋服以上の芸術品。しっかりと目に焼きつけながら、女一代をフラッシュバックする脳内並走で、もう大忙し。夢のような時間はあっという間で、人生で初めてショーの後泣く😢

[編集者はセレブのコメント録り]

amy_tatsubuchi 2024/08/05

せっかくのオートクチュールだけれど、余韻に浸ってはいられない。仕事出席の労働者階級である編集者（私）は、セレブのコメント撮りをせねば！ 振り返れば、『プラダを着た悪魔』さんの塚本元編集長も、マイクを握りスタンバイで、思わずお互い苦笑い。かつてはおしゃれスナップ、いまは来場セレブのコメント撮影がショーのお約束だが、どの媒体も一様に同じことをするのは同質化が安心の日本ならでは。他の先進国の名のある雑誌編集者は、文化人として地位が高く、背後にある自国マーケットの大きさもあり、もっと余裕が感じられる。ギャラリスト、キュレーター、ファッションエディター、文化財団運営…、文化の香りがするお仕事は欧米では良家の子女が多く、スタート地点から違うからですかね？ コメントは撮られても撮ることはない。日本にそんな土壌はなく、受験戦争と就活突破のサラリーマンか、多少のコネで潜り込み、バイトやアシスタントから叩きあげの大筋2つ。往年ほど人気職ではないモード編集者。異業種への転職も増え、たとえ一生の職として全うしても、イマイチ労働者臭が抜けきれない…。ちょっぴり黄昏気分で会場をでたら、目の前にまた塚本さん！

[舞台は、権之助坂からパリ・オペラ座へ]

amy_tatsubuchi 2024/08/07
ショー会場をでてすぐ遭遇してしまうのが塚本さん…。人生とは、登場人物が最初から決まっているのやも。2人きりで面と向かって話すのは、何年ぶりのことでしょう。2007年暮れも、空も白む権之助坂にて、たっぷりの残業後に私は反旗を翻し、2012年『エル』で再びご一緒するもまさかの妊娠。会議室で個人面談中、新天地での熱い展望を語る編集長を遮り、妊娠を告げた気まずさよ。思えば、私は彼女の懐刀であった時期もあるが、肝心な時に役立たずな部下でもあった。生き方の違いは心の隔たりを生む。以降ランチをしたとしても必ず2人きりにならぬようセッティングしていたし、編集長定年のおつかれさま会の発起は、もはや贖罪の気持ちからではなかったか。約17年の時を経て、権之助坂からパリ・オペラ座前へと、舞台はアップグレードしているが何を話せばよいのやら。「パリの後の予定は？」など、たわいもないことを会話しお別れするが、私がその足で迷いなく向かった先は、なんとノルマンディーホテル（名称うろおぼえ）。ELLEマイクを佐保ちゃんに返す約束やら、展示会やら、すべてをぶっちぎり、『フィガロ』時代に宿泊していた地味な一軒を目指し歩く。

[勝手にひとり選手宣誓]

amy_tatsubuchi 2024/08/10
数あるホテルの中で、なんでまた…の大した特徴もないノルマンディーホテル。古くてこぢんまりのプチホテルは若干リノベした様子。たしか『フィガロ』のパリ支局に近くて便利、そんな理由での宿泊だったか。当時「コレクション取材って、リッツとかフォーシーズンズに泊まるんじゃないのね」と、予算タイトな日本プレス勢の状況に、理想と現実の落差を感じ入り候。でも正直、仕事に夢中で泊まるとこなんてどうでもよかったな。きっとここに帰ってくるのは人生今日が最後。あの時なりたかった自分にはもうなれた。次になりたい私をみつけたいま、情熱マックスだったこの場所で勝手にひとり選手宣誓。当時一緒に宿泊した塚本さんにも、ホテルの名称を再確認ラインをすると、これまた厳密な表記含むお答え以下。「地図見て、Le Normandy Chantier ノルマンディーホテルで間違いないと思う。エイミーがサンローランの膝丈パンツをはいていたのを思い出しました」。デザイン by トム・フォード時代のベルベットパンツのコーディネートが蘇るとは、さすがモード編集者です。空を仰ぎ、パリが大好きだった亡き父を思う。私は、いまいちど自分の可能性を、精一杯生きてみよう。

[一度の人生、自分推し]

amy_tatsubuchi 2024/08/15
パリの部屋に帰るみちすがら、子どもたちが小さい頃、編集長の話が何度かきたことを思い出す。夫は「やったら？」とすすめたし、アメリカ人の友人からは、「母親がインターナショナル誌編集長（文化人）というのは、娘たちが世界に出た時の立場が変わるわよ。彼女たちのためにやるべき」と、日本人の私からすると「へ？ そんなに？」な意見も。しかしながら、2人を抱えての雑誌創刊時に全く家が回らず、これはしばらく我慢せねばと決意していた。親が近所にいれば、夫の海外出張が頻繁になければ、保育園やら学童を最大に活用すれば…たらればを考えることをやめ、重責は避け仕事は効率重視とすることにした。でも、私はこれでよかったのだろう。ひとには然るべきタイミングで、それぞれの役割がある。そもそも編集長なんて責任を引き受けていたら、ちびまる子マインド全開にして、こんな好き勝手書いていられない😄 日本女性は夫推し、子ども推し、韓流推し、ホスト推し、常に誰かを推してしまいがちだが、一度の人生、娘たちには自分なりの情熱を世に問い、自分推しで生きてほしい。一時的に子ども推しで生きた私も、これからは自分推し、若者推しでいこうかな♡

[新しい山の形成]

amy_tatsubuchi 2024/08/18
せっかくヨーロッパにきたのだから、とパリの後に家族旅行を組んだ。たくさん歩けるようになった子どもたちは、早足の夫にしっかりついていけて、気を抜くと私だけ置いていかれそうになる。あれ？ この状況って人生の縮図そのものでは？ ぼんやりしていては、足手まといのトンチンカン母一直線。成長と変化を好む夫は、早足な上に決して後ろを振り向かず、結婚前もNYをヒールで歩いていた私におかまいなく進み、軽く喧嘩したことが。そんな彼と対等でいたかったし、仕事をしている自分はアイデンティティそのものだったゆえ短くとも産休が辛かった。そこから早10年ちょい。私が抱っこし、手を引いていた娘たちは、もう前を歩かんばかり。歩き方って人格がよくでるもので、私は気持ちばかり急いているから常に前傾姿勢。大威張りのおじさんは、後傾、ガニ股、ふんぞり返り歩く。転職する後輩に私がよく贈る言葉は「30代でリスク（転職、キャリア見直し、出産）をとり、40代で刈り取るイメージがいいんじゃない？ そして収穫物を使って、50代でもうひとつ新しい山をつくる」。新しい山形成には体力、知力（好奇心）、人力がいるのよねぇ、とせっせと駆け足で考える夏。

[新プロジェクト、始動]

 amy_tatsubuchi 2024/08/21

2024年7月3日は、人生で忘れられない日になるだろう。ここ5年（いや10年かも？）くらいで、いちばんうれしかった仕事の決定が、ナポリの食堂でパスタを食している最中、ラインにピロンときた。「やっぱり本気をだしたことしか形にならないし、気持ちにも残らないんだよ！」と、口ポカンの夫と娘に報告する。新プロジェクトの私の担当者は、知性と奥ゆかしさ感じられる25歳の女性。この先の人生は、若者となるべく関わりたい自分にはもってこいの仕事相手。帰国後の7月はロストバゲージにもたつき、打ち合わせや撮影にバタついていたらマッハで過ぎる。モード編集者日記は第5章まで初志貫徹、一応完了ということで、Threads連載を見守ってくれている某ラグジュアリーブランドPRの妹尾ちゃんとご飯にいく。「編集者が女侍なら私たちPRは忍びだわよ。クリエイティブディレクターという名の将軍に仕えて、飛んだり跳ねたり斬ったり、黒子に徹して盛りあげる。ラグジュアリー戦国時代をサバイブしてる感じだよ」と妹尾ちゃん。モード業界を一緒に戦ってきた、時代の生き証人ならではの含蓄あるお言葉に刺激され、その翌日から重鎮たちのアポ取りを開始した。

Favorite Women

#インスパイアする女たち

写真：AP/アフロ

写真：アフロ

©BOTTEGA VENETA

写真：AP/アフロ

写真：アフロ

ニコール・キッドマン
トム・クルーズと離婚後に
花開いた人生右上がり感。
プロ意識の高さが、変わらぬ体型
からもうかがえる。

ジェニファー・ロペス
数々の困難を乗り越えてきた
恋多きディーバ。どんなに
成功しても、そこはかとなく漂う
泥臭さがたまらない。

ティルダ・スウィントン
クールな演技で知られる英国
俳優。ポエムでケンブリッジ
大学の奨学金を得たほどの
言葉の錬金術師。

ケイト・ブランシェット
大女優は、劇作家の夫との間に
三男一女の子だくさん。
仕事、家庭、ボランティアと
八面六臂の活躍。

ジュリアン・ムーア
演技派女優も気づけば還暦
超え。アライアやボッテガなど、
モードをさらり着こなす
洗練度がお見事。

Chapter 6

[第 6 章]
モードな女たち列伝

The Legend.

[泥臭くいこう]

amy_tatsubuchi 2024/08/22

業界重鎮インタビューに入る前に、ちょっとブレイク。2024年夏の話題のひとつは、J.Loの運命の恋の終焉、ベン・アフレックとの離婚だったけれど、私のJ.Loフレンド（J友）にして、後輩の新山ちゃんと早速意見を交換する。24時間J.Loでいることが使命のディーバと、誰かの人生を演じるのが仕事のベン・アフレックでは、オンオフのテンションが合わなかったのでは？ この離婚で、彼女の着地点はどうなる？ と、お互いの推理、考察、懸案を心赴くままに。でも全力で歌姫を応援したい気持ちは、いまも昔も変わらない。「一体全体、私たちのこの熱い思いはどうして？」の問いに、「どんなに成功しても、どこか泥臭いとこがあるからでしょうね」とさっくり的を射る新山ちゃん。やっぱりJ友さんとのトークセッションは、女の人生を考えるプレシャスな時間といえる。ヴェルサーチェのジャングルドレス[77]を着て酷評され、結婚離婚を繰り返し、オスカー確実といわれた『ハスラーズ』で賞が獲れず。でも必ず立ち上がってくるそのJ.Loの勇姿に、エールをおくらずにはいられない。「ディーバ、それはフェイムと引き換えに孤独を引き受ける選ばれし者」（モード編集者・新山佳子）

77. ヴェルサーチェのジャングルドレス…2000年のグラミー受賞式でJ.Loが着用した、グリーンのジャングル柄ドレス。大胆なカッティングとスケ感が話題になり、これをきっかけにGoogle Imagesが誕生という逸話を持つ。20年後の2020年ヴェルサーチェのランウェイにJ.Lo本人が再びこのドレスを着て現れたことで、ファッション史にその名を刻む。

[J.Lo で考える、女の生き方]

amy_tatsubuchi 2024/08/24

J.Lo のことに触れると、「それ、一家言あり！」の友人たちから続々と連絡が。「私はちゃんとした俳優兼監督のベンを、自分の PR 材料として使いすぎたことが離婚原因だと思うわ」。こちらの意見は NY から、元同僚の佳奈ちゃん。夫婦売りを日常化した結果、『グッド・ウィル・ハンティング』や『アルゴ』など、俳優としての彼の輝かしい実績には「J.Lo のベン」が上書きされてしまい、もうその印象しかなくなる勢い。やはり著名人の行きすぎたカップル売りは夫婦漫才以外、どちらかのキャリアの足を引っ張り、心の負担にもなりそう。ここぞという時のスペシャルとして、安売りしないほうがよい。もしくは球界をすでに引退していた元彼、A-Rod（アレックス・ロドリゲス）あたりが、夫としてはちょうどよい頃合いだったのやもしれません。経済的にお互い自立していて、子どもを望まないのなら、結婚という制度に囚われなくともよかったか？夫婦、親子、友人…あらゆる人間関係は、大切な相手ほど注意深く、その時々の適切な距離感を見極めねば。若さが思い出として美化される、復活愛の難しさも記憶と歴史に刻む事例となった。引き続き、今後も動向を見守りたい。

[J.Lo 離婚]

amy_tatsubuchi 2024/08/24

「復活愛の難しさ、成功の秘訣が、J.Lo の離婚で『ニューヨークタイムズ』で取り上げられてたよ。心理学者たちの意見が中心で。まず、そもそもなんでお互い別れたか、それがクリアになってないのに、懐かしさや寂しさに押されてっていうのはレッドフラッグらしいんだよね」（クリエイティブエージェンシー STUDIO HANDSOME 代表・前田佳奈子）

写真：AP/アフロ

[救いの友 裕子]

amy_tatsubuchi 2024/08/26
大きくなった子どもたちは、それぞれ週末忙しそう。自分のための週末が過ごせる私が裕子ちゃんと泳ぎ始めたのは、7月末からだったと思う。300 m、500 mと距離をストレッチしていき現在1キロ。さらにサウナ、ある時はスカッシュまでつけたりでヨレヨレの筋肉痛。何の目標があるわけでもないが、「まだいける、もっといける」の気持ちが背中を押す。「いくよ！」と伏目がちに低い声で、私を振り返る裕子ちゃんに痺れる瞬間。「あぁ、ひとは何歳になってもお導きが欲しい、弱い生き物なのではないか」と己の心の扉をまたひとつ開いた気分。父が亡くなった2022年以来、なんとなく不調で、クリニック、サロン、サプリ、ダンス、ピラティス、ありとあらゆるものを試した。最終的に、私を救ったのは、仕事もプライベートもまだまだチャレンジを続ける少し年下の友人（裕子）の存在だった。そのひととしてのエネルギーに並走し、怒濤の会話を展開するとチャージ完了。これ、ひとりだと絶対挫折してるんだけれど、「約束と会話」が継続の鍵とみた。約束も会話も、本当に交わしたい相手は少なくなっていくのではないか？ でもそれが人生の真理なんだろうな。

[真のプロとは…]

amy_tatsubuchi 2024/08/28

8/9は「浅間国際フォトフェスティバル2024 PHOTO MIYOTA」へ。会場となる長野県・御代田町は、クリエイター移住が増えたかわいい町。千家十職の釜師、大西清右衛門を追いかけた3名の写真家の作品は、同じ人物を撮影しているのにこうも切り取り方が違うのかと感慨深い。写真家、画家、作家、デザイナー…、クリエイティブな職業というのは免許が必要なわけではないので、何をもって真のプロと呼ぶか考える。職業として稼げるか、キャリアとして成果物をだしているか、本人関係なく作品で勝負できているか、その業界で尊敬される存在であるか？ この最後の尊敬ってやつがいちばん難しく、哲学や信念が感じられないと辿りつかない領域。ファッションフォトグラファーとしてキャリアをスタートさせ、一緒に仕事をし同じ景色をみていたはずの横浪さん。写真家としてずっと高い、尊敬域に走り抜けたなぁ。カメラロールに収めた立派な展示作品を、かつて「横ちゃん！」と大先生をこき使っていた傍若無人な松山さんに、「立派になられましたよ」とおみせしたい。同時に私自身は、言葉でなく作品で、叱咤激励受け取りました🥺

[鉄オタ顔負けのマニアな世界]

amy_tatsubuchi 2024/08/29

軽井沢から帰ってきて、フォトグラファー横浪さんが、シャッターをきる時の外国人モデルへのかけ声を思い出す。「あ、それ、あ、はい」的な盆踊り風なやつ。イタリア人カメラマンとの「ゴージャス!」、「ファビュラス!」連発の濃厚なNY撮影後に、東京で横浪さんと仕事だったことがあり、トリッパ後にお茶漬けでほっ😌 そんな感じだったなぁ。記憶は日々薄れてまいりますので、『プラダを着た悪魔』の塚本さんに、Threadsのファクトチェックをいくつか急ぎお送りする(実名およびコメント掲載の方はすべて確認)。ところが先方は日々記憶が蘇ってきているご様子で、「エイミーがパリコレの時に着ていたミュウミュウのドレスは、『ティーンヴォーグ』のジルと一緒だったよね?」とか、「過去記事で触れた私のコーディネート、あれ、プッチじゃなくてニコラの時のバレンシアガ。靴はマノロ」と訂正赤も入る(訂正済)。おしゃれ神経衰弱(トランプゲーム)をさせたら日本いちの記憶力に、当時はついていくのが大変でした。ハイブランドのルックナンバーで会話が成立していた私たちは、鉄道オタクとか、アイドルオタクとか…そのレベルのモードマニアな世界に生きていた。

[業界重鎮取材開始、杏子さんへ突撃！]

amy_tatsubuchi 2024/09/02

『ヌメロ・トウキョウ』編集長の田中杏子さんが、我が家に来てくださったのは、台風7号が迫りくる8月16日。ファッション業界のアニキがスタイリストの野口強さんならば、モード界のアネキは間違いなく杏子先輩でしょう。業界重鎮インタビューのトップバッター、杏子さんを初めてお見かけしたのは、流行通信社時代か、ってもう30年近く前🤣 当時イタリア帰りのフリーランススタイリストだった先輩は、ミニスカートに半袖のリブニット、パイソンのロングブーツを履き、グッチのバッグという出立ち。市谷の古くて暗いコンクリートオフィスに彼女が現れると、そこだけグラムールの風が吹き、スポットライトが当たっているかのごとくきれいでセクシーだった。そう、杏子さんは、日本ファッション界において初めて、モードとセクシーが両立することを身をもって体現し、誌面で表現した和製ジャンヌ・ダルク。「帰国した時は、東京に知り合いが2人しかいなかったの」と語る先輩の人生は、いまと社会状況が違ったとしても学ぶべき姿勢と熱いハートに満ちあふれていた。しばしまとめにお時間いただきます。

[姉御に学ぶべき3つのこと]

amy_tatsubuchi 2024/09/05

引き続き、地元大阪からイタリアに飛び、スタイリスト経験を積んだ杏子先輩のお話。「東京の知人のひとりが『流行通信』編集者で、1992年、そこから仕事を開始。雑誌巻末のショップリストをみてプレス連絡先をピックアップして、ブックと名刺を持って一軒ずつご挨拶に回ったんだよね。当時はヨックモックで待ち合わせ、といわれても全くわからなかった」という杏子姉御。義理人情に厚く、筋を通すお人柄の片鱗が話のそこここに。「しばらくすると、『フィガロ』の森さんからお声がかかり、森さん『エル』編集長就任後の1997年、姉御は同誌専属スタイリストとなる。メジャーモード誌、広告にも進出し、まさにトントン拍子。先輩に学ぶべきは①(イタリアに渡った時も、帰国時も) 未知の世界に飛び込む勇気。②ひとに礼を尽くす仁義をもって、味方をたくさん作る。③スタイリストとして自分の作風を確立し、その世界観を自ら体現、のまず3つ。それでもやはり、人生山あれば谷あり。『ヴォーグ・ニッポン』創刊に真っ先に召集され、日本人ファッションエディターとしては、最高の素晴らしい経験と最大の苦悩を味わうこととなる。

[売れっ子スタイリストから出版社正社員へ]

amy_tatsubuchi 2024/09/07

1998年に『ヴォーグ・ニッポン』出版元、コンデナスト・ジャパンに入社した杏子さん。売れっ子スタイリストから出版社正社員になると収入減なわけだが、「それでも勉強になると思ったんだよね」と、30代でリスクをとった。「初期『ヴォーグ・ニッポン』は海外からディレクター陣はくるし、編集長も短期で交代して落ちつかず、外国人ADが日本人編集長に怒ってペットボトル投げたことも」と、恐怖体験いろいろ💀 とはいえ90年代から2008年リーマンショック[78]あたりまでは、ファッション写真全盛期。世界Aランクフォトグラファーやスーパーモデルが登場する、『ヴォーグ・ニッポン』は格が違った。2005年に退社されるまで先輩は、エンリケ・バドレスク、レイモンド・メイヤー、コト・ボロフォあたりの、世界一流の方々とお仕事をする。同じ頃『フィガロ』で海外撮影担当だった私は、「日本なら『ヴォーグ』と仕事をしたい」と撮影を断られ始める。まだ依頼もしていないのにちょっと、ちょっとー！といいたいが、下手な色をフォトグラファーにつけない、という海外エージェントならではの戦略。ブランディングってこういうことなんだなあ。

78. 2008年リーマンショック…2008年、アメリカ合衆国で住宅市場の悪化による、サブプライム住宅ローン危機がきっかけとなり、投資銀行のリーマン・ブラザーズ・ホールディングスが経営破綻。そこから世界金融危機が発生した。

[干されちゃったんだよね]

amy_tatsubuchi 2024/09/10

1999年『ヴォーグ・ニッポン』創刊の影響で、海外撮影用の長期リースサンプルも争奪戦。媒体のステータスや掲載ボリュームによって、お貸し出し優先順位は変わるので、結局は乗ってる船（媒体）次第か…と個人の頑張りが虚しくなる時があった、と己の歴史も一瞬回想。ところが戦艦『ヴォーグ・ニッポン』に乗って、全身全霊で働いていた杏子先輩にも予期せぬ窮地が訪れる。それは、「『Akoにファッションストーリーは作らせない』って外国人上司にいわれて、実質干されちゃったんだよね」と姉御。その頃（2000年前半）の先輩とパリコレのショーで隣になると、美しい横顔にドキドキした。あの時の杏子さんは、白いファーにスリップドレス、マノロのメリージェーン [79] はピンヒール。思うようにならない葛藤やださなければならない結果、きっといろんなものと戦っていたのではないか。その緊張感は女性の輪郭をシャープにし、エステや美容整形の力を借りずとも、どうにも勝手に自家発電、孤高の光を放っていた。ストレスを緊張感と言い換えるならば、全く悪者とも限らない。緊張感のあるひとは美しい。さらなる先輩の転機は次話へ。

79. メリージェーン…甲の部分にストラップがついているパンプスタイプの靴。

[VOGUE is VOGUE]

amy_tatsubuchi 2024/09/12
杏子先輩と『ヴォーグ・ニッポン』創刊当時の1999年から2005年のお話をしていると、何度か「VOGUE is VOGUE」という気になるフレーズが。深掘りしてみようと、『プラダを着た悪魔』の塚本さんに連絡をとる。塚本大先生は2000年から2003年『ヴォーグ・ニッポン』のファッションディレクターとして在籍。杏子先輩の上司でもあった(その前後は『フィガロ』)。先生いわく、「VOGUE is VOGUEは、シーンによって広く解釈されていた言葉。ヴォーグとしてどんな場面でも譲歩や妥協は許されない、私たちがヴォーグという存在だからそのアイデンティティを守らなければいけない、日本マーケットを意識するだけでなく、世界レベルのヴォーグを作らなければいけない、とかそんな感じ? 私たちはヴォーグなのよ!って意味です」とのこと。くぅー、かっこいい! 私もいってみたかったよ、そのセリフ。媒体への誇り溢れる女侍のスローガン的なやつか。そんな環境のなかファッション撮影から外された杏子先輩に手を差し伸べたのは、当時のコンデナスト・パブリケーションズ・ジャパン社長兼『ヴォーグ』編集長の斎藤和弘さんだった。

[ラストサムライ 斎藤社長]

amy_tatsubuchi 2024/09/13
編集長交代が相次ぎ、なかなか軌道に乗らなかった『ヴォーグ・ニッポン』の救世主は、2001年に就任した斎藤和弘社長兼編集長。杏子先輩だけでなく、「斎藤さんがいなかったら、いまの私はいない」という編集者やPRの方々はたくさんいらっしゃるが、最後のカリスマ、ラストサムライと呼ぶにふさわしい方ではないでしょうか。「斎藤さんは困っていたら大きな枠組みで、すっと助けてくれるところがあって。みんなのお父さんみたいだった」と感謝する杏子姉御。塚本大先生だって、「斎藤さんは、日本の独自性を出せるように、本国とのいろいろな交渉の矢面に立っていたと思う。そうやって日本人読者が見てもおもしろくて、海外から評価される日本版をちゃんと完成させた」と証言する。そんな頼れる業界おじさんもいなくなったなぁ…と考えながら映画『キングダム』鑑賞をしたからか、大将軍（大沢たかお）の誇り高きお姿に号泣する私。VOGUE is VOGUEほどでなくとも、自分の仕事や使命にプライドを持って生きるって大切なことではないか。私を突き動かし執筆を駆り立てる衝動の正体は、編集者としてのプライドなのかもしれない。

[1冊1億円!?『isetan's』の責任編集]

amy_tatsubuchi 2024/09/16
ファッション撮影という主戦場を失った杏子先輩に、斎藤編集長が提案したのは、『ヴォーグ・ニッポン』別冊付録『isetan's』の責任編集。1冊広告費1億円と噂された『ヴォーグ』による伊勢丹百貨店のカタログは、海外撮影による煌びやかなストーリーが巻頭を飾る、渾身の100ページ超の号も。まだ紙媒体が元気だったことを物語る、ゴージャスなコンテンツだった。2003年から2005年の間、この新企画に没頭した杏子先輩の当時のアシスタント、スタイリストの加藤彩ちゃんは、「数億円のティファニーのジュエリーをNY撮影する杏子先輩にお渡しするためだけに、フライトしたことがあります。宝石にも私にも保険がかけられて。空港にはアナ・ウィンターの運転手が迎えにきていて、君の座ってる場所がアナの指定席だよ、っていわれました」と、貴重な体験を語ってくれた。5つくらいのトランクを抱え世界を飛び回った杏子姉御は、(カタログなので)物撮影や読みものも一冊に編集、後に編集長となる上での筋力をつけた。長い目で判断すると、本道から少し脇道に逸れた経験が、いまに生きているのです。

［それぞれのステージで奮闘　女たちの人生模様］

amy_tatsubuchi 2024/09/18
『ヴォーグ・ニッポン』のバックナンバーを見返し、ご記憶蘇る杏子先輩😆「ニコラス・ムーアとか、ウォルター・チン、トーマス・シェンクとかもいたね」と、当時お仕事していたファッションフォトグラファーの名前を聞いて、あれれ？ それ全員、私、断られたひとたちではないか、といまさらの発見。2005年には『ヴォーグ・チャイナ』も創刊、トップエージェントが集まるNYは、世界中から撮影依頼がひっきりなし。シーズン立ち上がりの撮影は集中するので、思うようなフォトグラファーが『フィガロ』の名前ではとれず、媒体説明にエージェントを回った自分を思い出した。「『マダムフィガロ』って、フランス版はおばさんな感じするかもしれませんが、日本ではモード誌なんですよ、『エル』とか『ヴォーグ』の競合なんですよ」と選挙活動。そのうち、「出来上がったひとと仕事をするより、未完成だけどこれから伸びそうなひととチームを組むほうが私らしいのかも！（仕事も結婚も🤭）」と発想を切り替えた。それぞれのステージで奮闘する、女たちの人生模様。コレクションの席順が象徴するように、モード業界こそ、序列の秩序で成立している。

[アシスタントの彩＆昭子ちゃん奮闘記]

amy_tatsubuchi 2024/09/20
NY、インド、マイアミ、メキシコ、ギリシャ、パリ、マルセイユ、ハワイ…撮影で飛び回った杏子先輩の『ヴォーグ』人生。アシスタントだったスタイリストの彩ちゃんは、『isetan's』のお仕事でいまの夫と出会い、ちゃっかりご結婚。よい仕事が生むものは成果物だけでなく、関係者の喜びと思い出、ひとの幸せまで多岐にわたるのだとしみじみする。杏子先輩の当時の同僚、アクセサリー・ディレクターの故松山さんアシスタントには、現在『エル』副編集長の中村昭子ちゃん。松山さんの撮影小道具を探して、合羽橋[80]と渋谷のオフィスを何度も往復、お酒の調達にも走った彼女は、「鉄の心臓」と呼ばれるまでに成長😄 後の『ハーパーズ バザー』創刊時には、うちの娘の嘔吐を躊躇なく両手で受け止め、注文の多いジュエリー撮影の第一人者に。「杏子さんと松山さん、熱く語らいながらあるだけお酒をのんじゃうから、中村さんと私で隠したことも」と師匠思いの彩ちゃん。お師匠さまたちもあの時は30代。各持ち場で懸命だった彼女たちの輝きをここに記すことで、どうか永遠のものとなりますように。

80. 合羽橋…東京都台東区の浅草と上野の中間に位置する問屋街。主に食に関する各種道具が揃う。

[**2005年、リスタート!**]

amy_tatsubuchi 2024/09/23
「斎藤編集長のお誕生日は、毎年一大イベント。みんなで客室乗務員の仮装をしたこともありました。ご本人に無理矢理パイロットの衣装を着せて♡」。『ヴォーグ・ニッポン』時代の杏子師匠にお仕えした、彩ちゃんの思い出いろいろ。彼女にとっても青春の1ページであった『ヴォーグ・ニッポン』は、カリスマ編集長のもと一致団結、独特のファミリー感があったことがうかがえる。その一方で、「『isetan's』の撮影はやりがいはあれど、私のコレクションのチケット順は10番目（日本人の席数は決まっており、媒体内の優先順位をブランドに申請。通常上から2番目くらいまでしかチケットはこない）。もやもやとした思いはずっとあった」と回想する杏子先輩。愛しい古巣を去ったのは、2005年。フランスのモード誌『ヌメロ』日本創刊の任を拝命し、ついに編集長の道を選ぶことにする。慣れ親しんだ仲間と離れ、もう一度新しいスタート。心地よく、楽しく、無理しない場所に身を置きかけ、「これは老後でよいのでは？」とギアチェンジした私には、学びあるお話。ひとは安全地帯から飛び出した時に成長するのです。

[『ヌメロ・トウキョウ』創刊]

amy_tatsubuchi 2024/09/25
さまざまな困難を乗り越えこぎつけた、『ヌメロ・トウキョウ』の創刊は2007年2月27日。直前に発売元を扶桑社に変え大願成就。10日後には出産をした杏子先輩にとって、これ以上はないてんこ盛りの年となる。後にも先にも創刊と出産を同時に成し遂げたのは姉御だけ、ママ編集者が当たり前になった現在の先駆けとなった。『ヌメロ・トウキョウ』創刊号の表紙を飾ったケイト・モス、『フィガロ』のコートの撮影、『ヴォーグ・ニッポン』のギリシャのストーリー、私の記憶には数々の先輩のお仕事が刻まれており、改めて驚く次第です。外国人スタッフにとっても撮影したい雑誌に成長した、当時の『ヴォーグ・ニッポン』。Aリストフォトグラファーたちは、スタイリスト、ヘアメイクを含むチームがしっかり出来上がっており、そこに食い込むのは至難の業、国際競争にさらされ悔しい思いをしただろうなぁ。その世界を極めるなら若いうちに海外に渡り、チームを作ることをおすすめします。よかったことも辛かったことも、すべてをバネに道を切り開いた杏子先輩は、同業者からみてもいつだってかっこいい、日本を代表するモード編集者です♡

[「女の子ひとり世の中に出すのって大変ねぇ」by 母]

amy_tatsubuchi 2024/09/26

まさかこの年にして、杏子先輩と校正を交わす日々がくるとは、のモード編集者日記。このままでは彼女の一生をしたためてしまいそうなので、田中杏子編は一旦幕引きとしたい。校正やりとりの最中に、先輩と娘さんが楽しそうに旅行をしている様子を拝見し、私の胸には杏子先輩のお母様、田中佐智子さんのお顔が去来する。美しく、明るく、チャキチャキしていて、お料理上手、女っぷりがよいというのは彼女のようなひとをいうのだろう。杏子さんの出産育児を支えたママは、60を過ぎて上京し、車の運転で送迎、たくさんのおいしい料理を作って、若者の輪に入りおしゃべりができるひとだった。我が家に杏子先輩なしで訪れた時も、孫の世話をぼやきながら結局は娘が誇らしく、杏子先輩の自己実現は母にとっても夢であるのだと想像できた。かつて私の母がつぶやいた、「女の子ひとり世の中に出すのって大変ねぇ」（働く娘の家庭維持に家族の協力またはコストがかかる）という名言があるが、まさにそれ。当の名言の主は、「これ、私ちょっと無理だわ」と、途中から脱落いたしましたので、孫の世話は当たり前だと思ってはだめ。女侍の戦の陰には、それを支えた女性の物語もあるのです。

[50代、自分を見つけられるかが運命の分かれ道]

amy_tatsubuchi 2024/09/30

杏子先輩の人生を綴り、通常仕事を進め、裕子ちゃんとビキニで泳ぎまくっていたら夏は終わってしまう。その間に料理家の杉山絵美ちゃんや美術評論家の沓名美和さんとキャッチアップをすると、各人、日本の次世代のためにアクションを起こしていて、周囲に「日本推し」増加。後進を思う気持ちは一緒なんだなと考える。夏の大トリとして現れたのは、精神科医の卓子先生。偶然のお食事となり、人間の成長を8つの時期に分けた心理的社会的発達理論、「エリクソンの発達段階論[81]」の話となる。40歳から65歳は壮年期にあたり、後進を指導し次世代を見据えた行動をする。社会的業績や新しいものの創造などを、次の社会に残すことに関心を持つ。もし自分にしか興味が持てなければ自己没頭に陥り、いわゆる中年の危機に！と、「それ、わかるわ！」な理論。「第二の思春期と呼ばれる50代は、キャリアの終わりを考え始め、子育て終了で矢印が自分に向くため、アイデンティティ再確立が必要。ふわふわすぎちゃうか、自分をみつけられるかが運命の分かれ道なのよ」と、話し続ける先生を質問攻めにする私。やっぱり年末からのもやっと感と、人生の軌道修正は必然だったと確信する。

81. エリクソンの発達段階論…心理学者のエリクソンが、人間の一生における心理的な課題や、その課題を達成した時に獲得する要素を分類した理論。年齢に応じた8つの段階に分かれている。

[PRディレクター 松沼リナちゃん物語]

amy_tatsubuchi 2024/10/02

9/19 某ジュエリーブランドのPRディレクター、松沼リナちゃんにインタビュー。「リナちゃんの話を残さねば!」と思い立ったのは、エディ・スリマン[82]のサンローラン、フィービー・ファイロ[83]のセリーヌ、レジェンド2トップの日本のPRディレクターを務め、その世界観を仕事で伝えるだけでなく、誰より自身が体現した稀有なPRだから。モデル出身(『non-no』もでてたよ! アマゾーヌ所属)の恵まれた細長い容姿、クールなセンスとアティテュード、黒目がちな瞳と低い声のコントラストは健在で、いまも昔も魅力的。「エディガール」を率いた彼女が語る、ファッションのお仕事にかけた熱意とカリスマデザイナーとは? 1974年生まれのリナちゃんは、「学生時代のモデルアルバイトでお金を貯め、ロンドンへ留学。1998年から2003年だから、イーストロンドンが最高に盛り上がっていて、デザイナーのキム・ジョーンズやスタイリストのニコラ・フォルミケッティともその頃知り合ったんだよね」と、出だしからモードど真ん中。貯金はすぐに底をつき、カフェのウェイトレスやセレクトショップのお手伝いをしながら人脈を広げる。

[82]. エディ・スリマン…フランス出身のファッションデザイナー。ディオール・オム(2000〜2007年)、サンローラン(2012〜2016年)、セリーヌ(2019〜2024年)、老舗ブランドを次々と改革。
[83]. フィービー・ファイロ…イギリス人デザイナー。クロエ(2001〜2006年)、セリーヌ(2008〜2018年)を大成功に導き、一時活動休止。2023年からは自分の名を冠したブランドを手がける。

[ハイファッション PR の道へ]

amy_tatsubuchi 2024/10/04

感性と人脈を吸収したロンドンから、リナちゃんご帰国は 2003 年。某アパレル会社に就職していたある日、ウーム[84]で開催されたトミー ヒルフィガーのパーティにふらりと遊びに行く。何者でもない若い時ほど、夜遊びからチャンス到来！「新しい PR エージェントつくるんだけど、英語喋れる子探してんの」とクラブでスカウトされる。それこそが後のプレッド PR[85] 😄「メールの送り方や敬語の使い方さえ知らなかったの。社会人の基礎を学び、お友達のキム・ジョーンズが、メンズブランドを始めるタイミングだったからプレッドで私が担当。その流れでメンズ畑から PR 人生スタート」と、履歴書片手に振り返るご本人。8 年いた PR エージェントでは、黒服集団で夜中まで働き、ル バロン[86]に繰り出し明け方まで遊ぶ。自分のフェーズが変わった、と感じたのはプレッドに在籍しながらも本国指名で、クリスチャン ルブタン担当になった時。ルブタン側から「PR はファンでエッジーで、ファッションじゃなきゃいけない！」といわれた言葉を、いまもよくおぼえているそう。彼女のプロ意識が加速していく、「ハイファッション PR の女一代記」はつづく。

84. ウーム…渋谷にあるクラブ。渋谷では数少ない大型クラブ。
85. プレッド PR…恵比寿が本社の PR 会社。モード、エッジー、ストリート系ファッションクライアントを数多く抱える。
86. ル バロン…南青山3丁目にあった伝説的クラブ「ル バロン ド パリ」。本店はパリの姉妹店。ファッションピープルの遊び場スポットだった。

[生きていれば大丈夫!]

amy_tatsubuchi 2024/10/05

ふと、リナちゃんのご両親は、ロンドンからなかなか帰ってこず、帰国したらしたで、海外出張やイベントに飛び回る娘に物申したことはないのか?「あ、その辺は自由! なんせ母親は家飛び出して憧れのパリに行ってたことがあるし、叔母の近田まりこさん(有名スタイリスト)も破天荒ライフ。父親はNY駐在で海外生活長かったし。むしろ、いってらっしゃーい! 生きてれば大丈夫! 的な感じ」とご本人談。既存の枠にはまらないファンキーな家庭環境も、ファッションエリート印😌 さて、ルブタン担当後はレディースPRまで網羅し、お作法の違いを習得する。当時はレディースのほうが『プラダを着た悪魔』感が強く、より気遣いが必要だったと推察いたします。「私は本当に出会いに恵まれて、クリスチャンみたいな情熱を持って働くデザイナーと仕事をすると、自分も感化されて変わるという感覚を味わったの」というリナちゃん。彼女のウェディングシューズは、もちろん世界で一足だけのルブタン。中敷きをきっちりサムシングブルーに変えて、クリスチャンさまからのメッセージつきという泣ける仕様です。デザイナーと仕事以上の愛ある関係を構築していたことがうかがえる、思い出シューズ。

[昨日黒だったものが、今日白に]

amy_tatsubuchi 2024/10/08

2011年のある日、パリの大御所スタイリスト、水谷美香さんからリナちゃんに、メールが届く。いわく、「エディ・スリマンがサンローランのデザイナー就任にあたり、日本のPRディレクターを探しています」というもの。エディと近しい水谷さん[87]は、スタイリストの野口さん＆祐真さん[88]に聞き込み、ベストな人材（リナちゃん）にリーチ。「軽い気持ちで面接に出かけたら、そこに現れたPRのローレンスが信じられないくらい素敵で。パリメゾンPRトップの格違いのかっこよさに魅了され、トントン話が進み、翌年にサンローランへ転職」と懐かしむリナちゃん。2012から2016年のエディ期、ロックでゴージャスなサンローランは、ロゴ、店舗、広告イメージを変え、新パリシック旋風を巻き起こす。「昨日黒だったものが今日白になるような、毎日が怒濤の展開。私、どんどん痩せてエディのお洋服が似合うようになりました」と、とほほの苦笑い。それでも踏ん張れたのは、「やっぱり、圧倒的な才能とカリスマ性。あの時の彼はギリギリのところに自分もスタッフも追い込んだけれど、とてつもない結果と感動をくれた」とエピソードは次話。

87. 水谷さん…パリをベースに活躍する日本人ファッションディレクター、水谷美香さん。
88. 野口さん＆祐真さん…メンズのカリスマスタイリスト、野口強さんと祐真朋樹さん。

[若者のカルチャーを感じ取る天才]

amy_tatsubuchi 2024/10/09
サンローランの名のもと、世に出るもの、自分の目に触れるものすべてをつくりたい情熱の持ち主、エディ・スリマン。彼はフォトグラファーとしても一流で、ミュージシャンたちを撮影したモノクロのキャンペーンは、モード史に残る名作となった。その世界観に写真からハマった、亀岡エミちゃん(現『ヴォーグ・ジャパン』ファッションディレクター)は、2013年『ヴォーグ オム ジャパン』からサンローランPRに転職し、リナちゃんと激動期を並走。「『ヴォーグ オム ジャパン』の撮影をエディとご一緒した時、フォトグラファーとして参加した彼は、エレガントでとてもスマート。ずっとカメラを離しませんでした。渋谷センター街への移動の間も、モデルのオフショットを撮り続け、音楽をかけながら黙々とシャッターを刻んでいたのをおぼえています。彼は若者のカルチャーを感じ取る天才」と亀岡エミちゃん目撃談。リナちゃんの話にエミちゃん視点もいれたいと連絡したらば、彼女からのお返事は長い長いお手紙で…。それはリナちゃんへのラブレターであり、エディガールとしての2人の強い絆を感じる内容だった。

[リナ&エミ 緊急出勤]

amy_tatsubuchi 2024/10/10
亀岡エミちゃんのラブレターには、初めてのサンローランのパリ出張にて、エディ・スリマンに話しかけられた自分がドギマギしていたのに対し、堂々かつ極めて自然に会話を運ぶリナ先輩がかっこよかったこと。またある時は、ハリウッドセレブのプレミアで着る衣装のアジャストが当日に必要になり、数時間で解決しなければならない事態にリナ&エミ緊急出動。ホテルのスイートルームの廊下で長時間待機しながら修正箇所を聞き出し、友人デザイナーに頼んで3時間以内にお直し完了。セレブがその衣装を無事着て出たニュース映像を、2人で一緒に見届けたこと。カリフォルニアでサンローランのショーが開催されたシーズンには、パメラ・アンダーソンやレディー・ガガなどハリウッドセレブに会い、仕事を忘れてみんなで一緒に踊り語り合ったこと。溢れ出すリナちゃんとの思い出の数々がしたためられていて、当事者ではない私を胸いっぱいにさせた。ファッションセンス、言葉の選び方、コミュニケーション能力に優れているリナちゃんだけれど、この部下からの愛ある手紙こそが、彼女のひととしての格なんだなぁと思った次第です。rinaemi forever ♡

[イキイキと働くママの姿は、最高の男の子教育]

amy_tatsubuchi 2024/10/11

ここのとこリナちゃんの「ハイファッションPR女一代記」執筆のため、毎日彼女のことを考え、次回会うのがなんだか恥ずかしい。不思議な気持ちを抱えつつ校正のやりとりをすると、「一生懸命やったことって、宝物なんだね」というリナコメントにまた胸キュン。再びノートを広げ、印象深いエディ・スリマンのエピソードを拾う。「サンローラン時代のエディのスタジオはLA。ありとあらゆるものが、彼の判断を仰ぐため毎週のように、パリから運ばれていたの。コートのボタンひとつ決めてもらうために、サンプル3000個を送るとかね。そのくらい美に妥協がなくて完璧なクリエイションを尊敬できた」と貴重な裏話を教えてくれたリナちゃん。一方彼女の私生活では、仕事がエキサイティングだった2014年にご出産。産休を7ヶ月とる。「両立なんてできっこない！ 平日は両おばあちゃん、叔母さん、私。土日は夫体制の使える手はフル稼働」。働いてイキイキしているママをみせる主義とした。現在でも自分の仕事の内容を、ひとり息子に全部話すそう。これって、ジェンダーイクオリティの観点からして、最高の男の子教育なのではなかろうか？

[前に踏み出す時]

amy_tatsubuchi 2024/10/15
メゾンに新しい道を敷いた、エディ・スリマンのサンローラン退任は2016年4月。カリスマが去った後の、ぽっかりと空いた心の穴をいつまでも引きずってばかりもいられない。ほどなくしてリナちゃんにも、前に踏み出す時がやってくる。「仕事を引き受ける時は、そのデザイナーと一緒に働きたいか、ということを判断のひとつにしてきたんだけれど、うれしいことに、フィービー・ファイロがデザイナーのセリーヌからPRディレクターのお誘いが！ エディの服からフィービーの服に着替えたら、シルエットが楽でねぇ…」。女性のための実用性とエフォートレスなスタイルで人気絶頂だった、フィービー・ファイロのセリーヌへ移った。「ランウェイ本番直前まで、ベストを求めていたフィービー。もうあと10分で開始、ってタイミングでもお針子さんたち総動員でデザインの変更をしたり。でもその結果はやっぱり明らかによくて、ドキドキと感動がセットだった」とリナちゃん。まさかまさか、約1年半後には、またエディ・スリマンが自分の目の前に現れるなんて、その時は予想だにしなかったはず😆 嘘みたいな本当の話。

[エディ・スリマン、再び]

amy_tatsubuchi 2024/10/18
2018年にエディ・スリマンがセリーヌのアーティスティッククリエイティブディレクターに就任。「再びエディとお仕事する機会が訪れるとわかった時は、前の私よりもっとうまくやれる！と思った。サンローラン変革期に一緒に走ったから、彼がセリーヌでやりたいビジョンはなんとなくわかったし、いまなら経験値アップでやれます！ 見ていてください！的な」。当時の心情を吐露するリナちゃん。ちなみにフィービーとエディは、共通していることが多々あるらしい。「まず、自分の世界観がしっかりあって、目に触れるものすべて自分色に染めたい。仕事への愛情が半端なく、異常なほど働く。あとインタビューや本人の露出を好まない。デザイナーが声高に語ることは彼らからしたらクールではなくて、そんなことしなくても自分の作ったものが語ってくれるから」。リナちゃんがみた、カリスマデザイナーの誇り高きスタイル。ライフスタイルを露出して、消費を扇動するインフルエンサーデザイナーが大量に生まれた令和の世。もちろん、どちらもあってよいのだけれど…クールなカリスマ領域は、圧倒的な才能だけでなく、ストイックかつ孤独に強くないと辿りつけない気がいたします😌 かっこいい🖤

[エディの言葉]

amy_tatsubuchi 2024/10/21
リナちゃんがセリーヌにて、再びエディ・スリマンとご一緒したのは2018〜2022年。その間のいちばん忘れられないエピソードを、さらに聞いてみた。「あれはたしかセリーヌでの最初のショーの後、いまいちばん欲しいもの、したいことはなんですか？って、エディに質問したの。あの美しい瞳でジッとみつめられて、『子羊のように寝たいよ』って、彼、はにかんだように答えた。その後に『クリエーションができるのはみんながいるおかげだよ、おつかれさま、ありがとう』って静かにいわれて。普段口数の少ないエディからのこの言葉に、その場に居合わせた全員がグッときた」。これはまさに、「リナちゃんは見た！」のドラマのようなワンシーン。「子羊のように、って表現がなんだかエディらしくて忘れられない。仕事の鬼な彼も寝たいって思うんだ！って、少しホッとしたかな」という彼女は、2022年に子羊さんをおいて、次の転機を迎えることとなる。はたからすると意外な決断にもみえたが、きっかけとなったのはコロナ禍だったそう。「ハイファッションPR女一代記」キャリアすごろくは、また駒を進めるのであります。

[リナちゃんの「キャリアすごろく」]

amy_tatsubuchi 2024/10/22
セリーヌ時代のリナちゃん物語も、いよいよ最終。フランス本国PRスタッフは、サンローラン時代も一緒の戦友、チーム・エディ・スリマン。日本の社長は信頼して仕事を任せてくれ、いざという時は矢面に立つ心から尊敬できる上司だった。最高に働きやすい環境だったが、コロナ禍で彼女自身に変化が起きる。「SNS施策のキャスティング中心のPRや、ファッションのサイクルが自分にはフィットしなくなってきたの」とのこと。トキメキがダウンしたら、次のステップを考える。そうして2022年2月、リナちゃんが新しい道として選んだのは、老舗ジュエリーブランドのPRディレクター。「ハイファッションの仕事は、クリエイティブディレクターの意図に沿って市場にメッセージを送ること。老舗ジュエラーは、変わらないものを新しくみせ伝えていくという、手法と時間の流れが全く違う。年齢を重ねたからこそ取り組めるブランドだと思った」とビジョン明快なご本人。この「キャリアすごろく」のあがり感、お見事としかいいようがない。同じファッションという共通語があっても、ステップアップを描きにくいモード編集者。その難しさを改めて考えてしまう。

[私設担当編集者]

amy_tatsubuchi 2024/10/23
このThreads連載には、お寿司奢るから！の誘い文句で、原稿を読んでもらっている私設担当編集者が現在2名。NYの佳奈ちゃんとマレーシアのなっちゃん。2人ともかつてはモード編集者だったわけだけれど、リナちゃんのキャリアすごろくを読んで、なっちゃんから的確な指摘が。「モード編集者は同業転職のバリエはないし、トップの交代やPR施策で、ドッカン跳ねたりのビジネス的ダイナミズムも皆無。役職やお給料アップとかのトキメキ、リナちゃんみたいに追いかけられなくない？」と、近しい職業だけれど大きく違うよ！と意見交換。「大手出版社にはない不安定感あるよね。編集長交代でスタッフ入れ替えだって激しかったし。私たちって、戦場を駆け回る足軽みたいなものだったのでは？」と、馬（安定、保証、将来性）のない自分たちを、『キングダム』の山﨑賢人に重ねてみる私。クリエイティビティ、デジタルソリューションの学び、クライアント案件の海外ロケや取材の経験値だけでなく、足軽もやっぱり馬が欲しい！ 武功を積み重ね、プロとしての個人力とアジリティ（変化への対応力）を鍛錬し、馬は自力確保が正解か。それも風の時代っぽくていいのかな😆

［ファッションのサイクルが、しっくりこなくなった］

amy_tatsubuchi 2024/10/27

セリーヌから老舗ジュエリーブランドのPRディレクターに転職したリナちゃんのお話。「メゾンとして感動体験を伝えることが重要なミッションで、PRやイベント施策はそれぞれの国で考えるの。クリエイティブのやりがいを感じるし、社長は日本人のワーキングマザー。いろいろと新たに学んでます！」と、いくつになってもyouは溌剌(はつらつ)笑顔が眩しいよ、リナちゃん…。コツコツと彼女の一代記を書いては送り、また書いては確認。さらに質問を重ねてきた長いやりとりの間、一貫して丁寧かつ誠実なレスで、安定感抜群なリナちゃん。正直、彼女の人生物語から離れ難いが、私は理由あって先を急がねばならぬ身。ところがどうしても「SNS施策やファッションのサイクルが、しっくりこなくなった」というリナ発言が忘れられない。実は自分の中にも全く同じ気持ちが存在しており、ずばり直球で投げられたことで、後日ある映画に足が向くこととなる。それは『ジョン・ガリアーノ 世界一愚かな天才デザイナー』。モードが輝いていた90年代の伝説が、私の違和感にヒントをくれるか？ 20時55分の夜の回に、ひとり滑り込んでみることにした。

[ジョン・ガリアーノの映画について]

amy_tatsubuchi 2024/10/28

小さな劇場は、遅い回だというのに、3分の2ほど座席が埋まっていた。ジョン・ガリアーノの話題のドキュメンタリー映画、あらすじはざっと、こんな感じ。1984年ロンドンのセント・マーチンズ芸術大学[89]モード科を主席で卒業したガリアーノ。卒業制作のコレクションからして圧倒的力強さで、彼が天才であることを匂わせる。業界人には大好評、たちまちロンドンモード界のスターとなるが資金的には火の車。それを救ったのは1996年から始まるクリスチャン ディオールのデザイナー契約だった。成功の階段を登りつめるが、2011年に人種差別発言という大きな過ちを犯してしまう。すさまじいジェットコースター人生と、90年代から2000年代初頭のカルチャーやクリエイティビティの熱量に見入ってしまう。つくり手側に立ってみれば、カリスマ扱いされたところで、デザイナーはやはり労働者なのだ。しかも、彼は年間32のコレクションを制作しており、呑まなきゃやってられん状況、アルコールに依存していく。天才は才能と気持ちが疲弊しきってしまう前に、「あの、私、ちょっとブレイク！」と手を挙げられなかったのだろうか？

89. セント・マーチンズ芸術大学…セントラル・セント・マーチンズは、ロンドン芸術大学のカレッジのひとつ。著名なデザイナーを数多く輩出しており、ファッションデザイナーでは、アレキサンダー・マックイーン、ステラ・マッカートニー、フィービー・ファイロ、サラ・バートン、プロダクトデザイナーではダイソン創立者のジェームズ・ダイソン、コンランショップ創立者のテレンス・コンランなどなど。映画、音楽、絵画、グラフィックの世界でも卒業生が大活躍！

Fashion Movies
#モードを学ぶ映画とドラマ

まずは知っておきたい業界の基本は
『プラダを着た悪魔』(2006年公開)と**『ファッショ
ンが教えてくれること』**(2009年公開)。身につまされる思
いがする、新米ファッションエディターのあたふたや『USヴォーグ』の
舞台裏は、国は違えど雰囲気わかるっ! ベースの知識を掴んだら、歴史あ
るブランドのデザイナーについて追いかけてみたい。**『ココ・アヴァン・シャネル』**
(2009年公開)は、オドレイ・トトゥがココ・シャネルを演じ、**『サンローラン』**(2015年
公開)は、ギャスパー・ウリエルがイヴ・サンローラン役。ともにフランス映画界のスター
が魅力的に輝く。ついでに永遠のファッション・アイコン、ダイアナ元妃を現代のアイ
コン、クリステン・スチュワートが熱演した**『スペンサー ダイアナの決意』**(2022年公開)
もチェックして、**『ハウス・オブ・グッチ』**(2022年公開)でイタリアンファッションの大きな
うねりを感じて欲しい。一方、**『マックイーンモードの反逆児』**(2019年公開)や**『ジョ
ン・ガリアーノ 世界一愚かな天才デザイナー』**(2024年公開)は、ドキュメンタリーゆ
えのリアリティがあり、カリスマの光と影、苦悩に胸いっぱい。ミーハーな気分で楽
しめる、ドラマも3本リストアップ。こじらせ女子の定番、**『セックス・アンド・ザ・
シティ』**(1998年放送)とインスタグラマーが主役の**『エミリー、パリへ行
く』**(2020年配信)は、業界女子の今昔物語。ちなみに**『アメリカ
ン・クライム・ストーリー/ヴェルサーチ暗殺』**(2018年放送)
は、ドナテラ役がペネロペ・クルス! にびっくりするが、
エミー賞3部門受賞の話題作です♡

[ガリアーノといえば杉山絵美ちゃん!?]

amy_tatsubuchi 2024/10/29

ドキュメンタリー映画、『ジョン・ガリアーノ 世界一愚かな天才デザイナー』には、「おや？ 彼は私、一緒に撮影したことあるよ」と見知った顔が。それはジョンのパートナーにして、当時のディオール本社のセレブ担当、アレクシス。パリから来日したセレブを、『フィガロ』で撮影するためお世話してくれた。優しいひとだったなぁ…と同時に、日本のPRだった杉山絵美ちゃんの顔が浮かぶ。ディオール時代、実は毎年のように日本にリサーチ旅行に訪れていたガリアーノ。現地水先案内人は絵美ちゃんだったし、2007年ディオール オートクチュールには、彼女の名前がついた"EMI-SAN"ドレスが発表されたほど、ガリアーノに近しい人物。ひとりで映画を鑑賞したためか、自分の感想やガリアーノについて誰かとものすごーく話したくなる。現在は料理家として大活躍な彼女だけれど、いいことも悲しかったことも、どこまで話してくれるかな？ 早速アポを取って突然の取材🥺 紅茶とピンクのバラが大好きなジョンとの思い出は濃厚で、天才がゆえの光と影をみた絵美ちゃんのお話に入ってゆきます。

[杉山絵美ちゃんとはこんな人]

amy_tatsubuchi 2024/10/30

ジョン・ガリアーノを語ろう！の前に、お話ししてくれる杉山絵美ちゃんのユニークなバックグラウンドと経歴を解説。1971年生まれの絵美ちゃんは、両祖父は文化勲章受賞の日本画家の杉山寧と建築家の谷口吉郎、伯父にNY MoMAの建築で有名な谷口吉生、作家の三島由紀夫という芸術家一家。ジョン・レノンだって自宅にきてたよ、ってエピソードもあるくらい。なんの苦労もなくディオールPRになったかと思いきや、意外にいろいろあったのね、と改めて根掘り葉掘り聞く。以下、鉤括弧内は絵美ちゃんの語り。「大学卒業後、最初に受けたエルメスの就職試験で、英語ができずあっけなく玉砕。ファッションで仕事をするには英語をもっと頑張らねば！と急遽イギリスに1年留学しました。そこから1995年にディオールのPRアシスタントとして入社。いまでは信じられないけれど、当時はまだ5人しか社員がいなくて、社内の公用語がフランス語…今度は働きながら日仏学院に通う必死な日々でした」。新人PRだった1996年にジョン・ガリアーノがディオールのデザイナーに就任、一気に彼女のみえる景色も変わってゆくのです。

[おしゃれに生きるは楽でなし]

amy_tatsubuchi 2024/10/31

1997年にガリアーノによるディオールのコレクションが発表されると、ファッション業界は大喝采。パリコレ初参加した絵美ちゃんはというと、バックステージで忘れられないモードの洗礼を受ける。それは、ヘアスタイリストのオディールとディオールのヘアを担当していた、日本人のHiroさんからの進言。「この国で名前おぼえてもらって、対等に扱ってもらいたかったら服装変えたほうがいいよ。とにかく派手に！ 日本人は背だって低いし、顔もみかけも地味じゃん？ それじゃここの世界ではダメなんだよ。日本人の待遇悪くて、バカにされるの悔しくない？ 頑張ってどーにかしなきゃ」と、世界で戦ったHiroさんだからこその説得力あり。実際、万年端っこで、数も少ない日本人のコレクション座席。カフェ・アヴェニュー[90]のテラス席だって、ホテル・リッツのフロントに停めてる車だって、目立つところには最高のひととものにしか存在が許されないパリ。アンチルッキズムがいわれる昨今においても、モードの世界は参加する側にも高い意識が求められ、日本家屋に土足で入るべからずと同等の暗黙のマナーが存在する。おしゃれに生きるは楽でなし。

90. カフェ・アヴェニュー…有名ブティックが立ち並ぶパリのモンテーニュ通りにあるカフェ。ファッションウィーク時期には、セレブが必ず立ち寄る一軒といわれており、テラス席には白人とセレブ、その他は店奥に案内されるという噂も。

[ドラマティックな1997年]

amy_tatsubuchi 2024/11/01
ところで、ジョン・ガリアーノがディオールの初コレクションを発表した1997年は、モード史上記憶に留めておきたい数字。2023年パリ市立モード美術館「パレ・ガリエラ」で1997年にスポットを当てた、『1997 ファッション・ビッグバン（1997 Fashion Big Bang）』という展覧会が開催されたことはご存じだろうか？ 駆け足でこの年のニュースを列挙すると、ガリアーノのディオール、マックイーンによるジバンシィ、ジャン＝ポール・ゴルチエのオートクチュールコレクションだってスタート。名門メゾンに若いアーティスティックディレクターが相次ぎ就任。ルイ・ヴィトンにはマーク・ジェイコブス、バレンシアガのニコラ・ジェスキエール、エルメスはマルタン・マルジェラ、クロエだってステラ・マッカートニーと、話題しかない年だった。モードが最高に輝いていたと同時に、ジャンニ・ヴェルサーチェの銃撃による死、ダイアナ元妃の事故死という悲劇も。ドラマティックな1997年はまさにファッション・ビッグバン！ ディオールの新人PRだった絵美ちゃんがパリコレデビューしたのは、そんな時代だったのです。

［絵美ちゃんは語り出す］

amy_tatsubuchi 2024/11/02

前置きは長くなりましたが、本題はジョン・ガリアーノ♡ 証言者、杉山絵美ちゃんは、(Hiroさん助言による) 派手さとエネルギー値の高さで、PRとしてはキャラ立ちしておりました。いつも身体にぴったりとしたディオールとピンヒールを装い、毎日、そのままパーティにいけるくらいの華やかさ。ご参考までのプチ情報としては、そんな彼女はフジテレビのドラマのモデルにもなりました。2000年、『ブランド』(今井美樹と市川染五郎〈現・十代目 松本幸四郎〉主演)、すごい😈 で、いまこのインタビューは2024年10月の六本木。開口一番、「私からすると、ジョンは芸術家なんです。芸術家とは芸術を通してしか表現したり、コミュニケーションができないひと。そうなると、常人には理解できないことがいろいろある。でも私は常識に囚われない家族に囲まれ育ち、うちの親族より感性豊かなひとたちはいないんです。つまり、芸術家に免疫があった」と、一気に話し始めた絵美ちゃん。息つく暇もないスペクタクルな過去秘話に興奮し、時にはお互い涙を浮かべながらの約2時間。天才と過ごした、怒濤の人生ドラマをのぞかせていただきました。次話へ続く。

[絵美ちゃんのみぞ知るガリアーノ]

amy_tatsubuchi 2024/11/03
「芸術家とは普通のひとと同じものをみても、見る角度が違うんです。ジョン・ガリアーノというフィルターを通すと見慣れた何かも、全く違うものに生まれ変わる。彼のそんな感性を目の当たりにして、信じられないほどの衝撃を何度も味わいました」と、感激を再び嚙み締めるように話す絵美ちゃん。彼女のコネクションと献身的な性格をフル稼働し、ジョンさま御一行を先導し、京都、歌舞伎、陶芸、白川郷、太鼓、109、日本中をリサーチ旅行に回った。「ジョンは、Tokyo は全く想像ができないものが生まれるからおもしろい、って。他の都市だって新しいものはあるけれど、例えば、ガングロとか、ルーズソックスとか世界中探してもなかったから」。新しい独自のカルチャーと、古いオリジナル文化が共存する我が日本。私たちにとっては見慣れた風景も、ジョンには見逃せないモーメントとして映ったそう。「例えば日本でみた透明なくじ引きボックス。ジョンは、あの箱に手をいれてくじを引くという行為は、人間の欲を象徴していると解釈。思いきり箱の中に寄って斬新な写真を撮影してました」。やっぱりおもしろい！ 絵美ちゃんのみぞ知る裏話。

[ジョンのためならえんやこら]

amy_tatsubuchi 2024/11/04
好き嫌いなくさまざまなものを吸収し、自らの解釈で予期せぬ美を生んだジョン・ガリアーノ。かつて本人がインタビューで答えたように、天才は「ディオールを21世紀に連れていった」と同時に、不変のデザインもメゾンに遺した。「歌舞伎の松本幸四郎さんの奥さまが私のお友達で、楽屋でメイクをジョンに教えてもらいました。友人の和泉元彌さんにお願いして狂言も一緒に観たし。かと思えば109やストリートにも興味があったり、あ、ポケモンや日本のアニメも！」と、ジョンのためならえんやこら！と次々と扉を開けた杉山絵美ちゃん。それらは全部コレクションに反映されたわけだから、もはやPRの枠を超えたやりがいと感動があったことでしょう。ディオール時代のガリアーノを再考する、よい記事を『ヴォーグ・ジャパン』デジタルで発見した。記事のなかには、ファッション評論家のコリン・マクダウェルのこんなコメントが。「ガリアーノがディオールで成し遂げた偉業のひとつは、都市とストリートの活気とポップワールドの興奮とを組み合わせ、そこにクチュールの要素を付加しながらひとつの芸術にまとめ上げたことだ」。その裏で奔走した日本女性がいたことを、私は誇りに思うのです。

[みんな本当にこれが好き？]

amy_tatsubuchi 2024/11/05
「ランウェイのコーディネートに使うために、109で大量に小物を購入してパリに送ったりしたんですよね、あ、これこれ！」。絵美ちゃんとガリアーノ時代のディオールルック画像をやりとり。彼女がディオールをやめて約20年。年代こそうろ覚えのものはあれど、すべてのテーマと思い出がでてくる、でてくる。誰が見にくるかなんてのはおまけの話で、洋服がコレクションの主役だった時代のPRであり、デザイナーと直で連絡を取り合う仲だったからかな？ 洋服の話より来場セレブ、そしてまた次のセレブ、と上書きされる現在のコレクション事情。時代の流れとはいえ、そろそろ行きすぎ感があり、身を削ってものをつくるデザイナーがいるのに、みんな本当にこれが好き？ ガリアーノのドキュメンタリーでは、右腕として活躍したスティーブンの存在にもスポットライトをあてており、若くして突然死する彼は、絵美情報によると、亡くなる前に3シーズン先のコレクションまで準備していたとか。才能あるシェフがつくったお料理（洋服）は、数合わせでない本当にふさわしいお皿（媒体、IGほかSNS）にだけのせ、ゆっくり味わうほうがよい。

[失意のなかで]

amy_tatsubuchi 2024/11/07
輝かしいキャリアの一方、ジョン・ガリアーノは、宿泊先でトラブルを引き起こし、出入り禁止のホテルがあったのは有名な話。当然日本でのその類(たぐい)の後始末は、絵美ちゃんのお仕事だったはず。ところがそんな瑣末なこといわせなさんな、とばかりに「芸術家ってひとりの身体のなかに、何人かの人格がいると思うんです」と絵美ちゃん。「光が強いひとほど影も濃い。突き抜けると苦悩がつきまとう。私はそれを間近で見ました。ヴェルサイユ宮殿で行われた2007年のディオール60周年は、ジョンとパートナーだったスティーブンにとって集大成でした。けれどその年にスティーブンが突然死、ジョンは深い悲しみと仕事の重責を乗り越えねばならなかった。スティーブンの喪失感に耐えきれず、去っていくスタジオのひともいました。そしてあの事件が起きたんです」。フランスでは公人が公の場で差別発言をすると逮捕されることを、2011年のガリアーノ事件で知った私。一夜にして転落したジョンが、後に絵美ちゃんに語った次の言葉を皆さまにおくりたい。「あの頃は、つねに昨日の反省をしながら翌日の心配をして、目の前にいる人の話を聞いてなかった」

[何事も 1.5 流がちょうどいい…?]

amy_tatsubuchi 2024/11/08
「ダウン症の書家、金澤翔子さんのお母様が『ダウン症とは、怒り、憎しみ、競争の感情がないの』と、おっしゃったのを聞いたことがあって。スティーブンが亡くなった後のジョン・ガリアーノには、ひとを狂わせる、その3つの感情が渦巻いていたと思います」。ここまでくると、絵美ちゃんの話は、もうちょっとした裏話やエピソードは超えてしまった。ひとの幸せってなんでしょう? 才能、社会的地位、富、華やかな人脈、全部あるのにとっても苦しそう…。「何事も 1.5 流くらいが、ちょうどいいのかな?」と私がぽつり。でも最初から 1.5 流目指すと、それ以下にしかならないのが悩ましきとかな、いい頃合いって難しい😂 ぐぐっと深い話になって、約束の時間をオーバーした帰り際。「そういえば!明後日のマルジェラのイベントに、ジョンがくるって噂があるよ」と私のひとことで、絵美絵美(私の名前も漢字は絵美)コンビは一旦解散。2011年、ガリアーノはディオールと自身のブランドから解任された後、リハビリを経て 2014 年にメゾン マルジェラのデザイナーに就任。東京で開催中(2024 年 11 月 24 日まで)の「メゾン マルジェラ アーティザナル 2024 エキシビション」が話題となっている。

[ジョン・ガリアーノにお目通り]

amy_tatsubuchi 2024/11/11
10/30 カルティエの"TRINITY 100"セレブレーションパーティからのマルジェラのクラブイベントへ。カルティエは国立競技場を舞台に、ライブあり、映画あり、ドローンが夜空に描くトリニティあり。アイコンって強い！と再確認。前日には絵美ちゃんから、「ジョンに日本にくるの？ってメールしたら、『昨日ついたよ。明日のパーティにきて！』って！」とラインのお知らせ。「毎日毎日あなたのことを書いていましたらば、目の前に現れるなんて…感無量です！」と伝えたいが変すぎますよね。いそいそと現場へ急ぐ。メゾン マルジェラの「アーティザナル 2024 エキシビション 東京」の開催を記念しての、原宿八角館でプレオープニングには、すでに招待客の長い列。こ、これに並ぶ体力はもうないよ、私には。その瞬間、ひと際派手なパンツスーツとハイヒールの絵美ちゃんが現れ、すばやくVIPルームへと誘ってくれた。あぁ、かつてファッションPR最前線にいた時の彼女が、また蘇っているではないか！ そうして私がジョン・ガリアーノご本人に、無事お目通し叶った夜。引き寄せってやっぱりあるのかもしれない…。

[時は満ちた]

amy_tatsubuchi 2024/11/12
遠くからお姿拝見したことはあれど、いま目の前で握手しているジョン・ガリアーノさまは、小柄で年齢不詳のミステリアスなムード。美しい手は冷たく、編み込みヘアの頭頂部には黒いサテンのリボンが。大音量のクラブでは会話はままならないが、左にガリアーノ、右にアメリカの某有名ラッパーに挟まれ、このサンドウィッチは今宵最大のパワースポット in Tokyo 🥺 ドキュメンタリー映画『ジョン・ガリアーノ 世界一愚かなる天才デザイナー』鑑賞から約1ヶ月。絵美ちゃんとのやりとりでガリアーノのコレクションとエピソード諸々をおさらいし、最後にご本人への挨拶もすませ、まさに時は満ちた。日を改め、私は「メゾン マルジェラ アーティザナル 2024 エキシビション」へ向かうこととする。「アーティザナル」コレクションとは、1月にパリ・セーヌ川にかかるアレクサンドル3世橋の下に作られた、架空のブラッスリーを舞台に発表されたオートクチュール。さまざまなアングルから考察するポスト・モーテム（事後解剖）としてガリアーノが考案した展覧会は、ショーの世界観を体感し、創作の裏がのぞけるまたとない機会。

[**99%は地味な努力**]

amy_tatsubuchi 2024/11/13
今年もいろいろな展覧会やイベントがあったファッション業界。「メゾン マルジェラ アーティザナル 2024 エキシビション 東京」は、他のどれとも違うレベルで私の心を大きく揺さぶった。本物だけが持つパワーと情熱、表現せずにいられないアーティストの性、そこに存在するすべてはマルジェラという枠組みのなかにあったとしても、何風でもないガリアーノ印なのだ。引き込まれ、立ち尽くし、よくぞこれを公開してくださいました！と感謝の念。ガリアーノのリサーチトリップは映画にもでてきたが、ひとつのコレクションに対して、彼のチームは膨大な量のリサーチを行い物語を設定している。そこから紡ぎ出される美しい洋服の製作プロセス、モデル、ヘアメイク、ショーの演出までの妥協なき道のりに、絵美ちゃんの言葉が浮かぶ。「デザイナー、クリエイター、俳優、モデル、真の表現者は、華やかなことなんて最後の1%です。残りの99%は地味な努力しかない」。ガリアーノのチームに、来年ひとりの日本人が入るそうだけれど、彼は絵美ちゃんと私の共通の知人の息子さん。本物が次の世代にも伝承されることを心から願う。

[ひとの人生は周囲にいる人間によって変わる]

amy_tatsubuchi 2024/11/14

マルジェラの展覧会を観た後、再び絵美ちゃんと話し合う。「ジョン・ガリアーノには人格のトリガーがあったかもしれない。でも私にとってのジョンは、シャイで周囲に気遣う心優しいひと。事件の後プライベートのパートナーであるアレクシスはジョンとともに断酒をし、彼を支え続けました。映画にでてきたモデルたちやジョンの友人たちも、本当の彼と圧倒的な才能を知っているから、変わらず応援しているんだと思います」と絵美ちゃん。ついでに、アトリエで働くスタッフの初パリコレの時は、その家族をジョンのポケットマネーでご招待していた、という秘話まで聞き、そんなひとのためなら頑張れるなぁと思う。ハーバード大学は、幸せの鍵を探すための大規模な調査を85年以上にわたり続けているが、幸せな老後を迎えられるかどうかは、身近な人間との良好な関係にある、という。富や名誉だけあっても、パートナー、家族、友人を裏切り傷つけてはよい関係が築けず、自我に生きたところで、ひとが満たされることはないのでしょう。ひとの人生は周囲にいる人間によって変わるので、自分の居場所をしっかり見極めたほうがよいですね♡

[ジョン・ガリアーノを取り巻く人々]

amy_tatsubuchi exclusive

「ジョン・ガリアーノは、身近なひととの良好な関係によって生き延びたと思います。ゴッホ、シルヴィア・プラス[91]、マーク・ロスコ[92]、三島由紀夫、天才とよばれる芸術家は苦悩の末、自ら命をたつひとも多い」という絵美ちゃんの眼差しは、PRというより、母のよう。1997年のオートクチュール が、ガリアーノのディオールにおける初コレクションであったが、ディオール契約後の初仕事は亡きダイアナ元妃のドレスだったそう。「ランジェリー風のドレスは画期的で、そのドレスとダイアナさんのことを、ジョンはよく話していました」。ゲイであることが受け入れられない父親との関係に悩み、空想の物語に耽る少年だった彼。デザイナーとして登りつめ、自分の目の前にリアルプリンセスが現れた日。計り知れない興奮に震え、自分が新たなステージに立ったことを痛感した日。あの日から今日まで、もう30年近くがたとうとしている。かつてガリアーノがおもしろい！と思った日本カルチャーの独自色は薄れ、ガングロ、ルーズソックス的な著しい奇天烈さがないのは寂しい限り。来日したジョン・ガリアーノの目に、いまの日本はどう映ったのだろうか？

91. シルヴィア・プラス…アメリカの詩人、小説家、短編作家。成人して以降うつ病と戦い、1963年に自殺。代表作は『ベル・ジャー』。(1932〜1963年)
92. マーク・ロスコ…ロシア系ユダヤ人のアメリカの画家。抽象表現主義の代表的な画家。1970年に病気や私生活上のトラブルなどをかかえ、自殺した。(1903〜1970年)

[料理家はサードキャリア]

amy_tatsubuchi exclusive

そろそろ、絵美ちゃんとジョン・ガリアーノのお話も、終わりにしたいと思います。現在、下田と東京の二拠点生活、かと思えば函館の朝市にいたり、宮城で稲刈りをしていたり、の予想外の動きを展開する絵美ちゃん。料理家は彼女にとってサードキャリアらしい。「大切な判断をする時は、私はいつも身近なひととの友好な人間関係を優先するようにしています。オノ・ヨーコさんの大好きな言葉があって、『ひとりでみる夢はただの夢、みんなでみる夢は現実になる』。自分を応援してくれるひとたちを大切にしなければ」と語る絵美ちゃんは、いつだって一生懸命で楽しそう。さらにいえば自己実現力の塊のようなひと。ディオール時代、PR会社社長をやっていた時、料理家のいま、いつもワンサイドポニーテールとド派手な恰好で、らしさ全開。その実はひとを喜ばせることをまず第一としているからこそ、幸福度が高く夢が叶っているのでしょう。「ファッションはもうやりつくしました！ お料理って、みんなを喜ばせることができるんですよ」という彼女の言葉にスケールの大きさ、感じました。

[仕事はただのATM]

amy_tatsubuchi exclusive

11/7 打ち合わせの際、一冊の書籍がでてきた。それは竹田ダニエルさんの『ニューワード ニューワールド 言葉をアップデートし、世界を再定義する』(集英社)。Z世代(1997〜2012年生まれ)を語らせるとピカいちなダニエルさんの新刊ということで、さっそく読むと気になるチャプター、「仕事と私」にぶつかってしまう。私たちX世代(1965〜1980年生まれ)は、コンプライアンスなき時代に、ベビーブーマー(1946〜1964年生まれ)に足軽としてこき使われ、えらい目に。もっと振り返れば私たち自体もベビーブームで人口が多く受験は大変だったし、バブル後の就職難。ようやく自分たちが上に立つ世代になったらば、少子化の労働者不足とハラスメント防止コンシャスで部下に気遣いが欠かせない。ずっと元気なのはキムタクだけか…というジェネレーションなのだ。ダニエルさんによると、いまどきミレニアル(1981〜1996年生まれ)とZ世代は、「仕事はただのATM、いかに割り切ってストレスなく働くか」が重要だとか。成長なき時代の格差広がる社会を背景に、当然の心境でありましょう。頑張り女子たちが集いがちな編集者業界にも、うっすらそんな気配が。

[ミレニアル世代のモード編集者の姿]

 amy_tatsubuchi exclusive

1984年生まれの梢ちゃんと、1989年生まれの由紀乃ちゃんは、ともにミレニアル世代。この国への不安があり、環境問題コンシャスで、家族や身近な友人がいちばん大事、キャリアや年収に大して上昇志向はないという。しかし、ダニエルさんいうところの「仕事はATM、lazy girl jobをみつけよう」というのとはまた違う。そういうことならこの職種、そもそも選んでないでしょ！ってことらしい。「好きなことを仕事にしたし、自分の役目を果たさねば、という責任感やプライドがあります」というのが共通の意見。が、しかし、働きすぎで病んだり、ファッション業界にありがちなこじらせ女子（理想ばかり追ってしまい、現実に向き合えない）はいかがなものか、という地に足がついた発言が続く。「私たちよりさらに下のZ世代は、同じ編集者でも、もっと都合よく働きたいひと多いかな。海外といったりきたり、宮古島といったりきたりみたいな。自由な働き方を実現するひとたちから比べると最後の不器用暇なし世代って気がする」と、自己分析する由紀乃ちゃん。モード編集者のミレニアル世代は、真面目というか、堅実というか。取り急ぎ先輩として、焼肉をご馳走することとする。

Super Women
#モードな女たち

Ako Tanaka

田中杏子さん
10代からファッション界を志し、イタリアへ留学。1991年に帰国し、フリーランススタイリストとして活躍。1998年年から2003年まで『ヴォーグ・ニッポン』ファッションエディター。2005年より『ヌメロ・トウキョウ』編集長。

Rina Matsunuma

松沼リナさん
モデルとして活躍後、イギリス留学を経て、PRエージェンシーに勤務。サンローラン、セリーヌなど時代をときめく人気ブランドのPRディレクターを歴任。現在は某ラグジュアリージュエリーブランドPR&Mediaアソシエイトディレクター。

Emi Sugiyama

杉山絵美さん
料理家。大学卒業後、イギリス留学。帰国後、クリスチャン ディオールに広報として勤務する。2005年に独立し、PRエージェンシーSTEP inc.を設立。料理好きがこうじて、料理教室を開催、レシピ本を出版。

The Extra

[番外編]

次世代モード編集者と語らう！

私たちの仕事と幸せって、

司会者	参加者			
[X世代] 龍淵絵美 1972年生まれ 既婚／二女あり	[ミレニアル世代] 平澤梢 1984年生まれ 既婚／一男あり	[ミレニアル世代] 高倉由紀乃 1989年生まれ 既婚／一女あり	[ジレニアル世代] 辻史名 1993年生まれ 既婚	

```
生年  1965           1981        ジレニアル世代              2012
                                1993  1997 1998
      ├─── X世代 ───┼── ミレニアル世代 ──┼─── Z世代 ───┤
```

司会者：少子化が進むなか、いろいろな選択肢があっただろうに、なぜ出版社、しかもモード誌という細き道に就職したの？

平澤：私は学生時代、『Zipper』『CUTiE』が大好きで、早稲田大学→ワーホリ留学→KKベストセラーズの男性誌からキャリアをスタートしました。そこから3回目の転職でモード誌へ。ジュディ・アンド・マリーのYUKIちゃんや椎名林檎さんみたいな、自分のスタイルをしっかりもった女性に憧れて、私も何者かになりたい！という気持ちがあったと思います。

高倉：モードと雑誌と宇多田ヒカルさんが大好きで、上智大学→複数の雑誌編集部でインターン→新卒で世界文化社に入社しました。が、コンサバ誌や男性誌はやりたいことと違って、インターン時代に知り合った方のご紹介で、インターナショナルモード誌へ転職しました。その後エイミーさんにスカウトされ、いまの媒体にいます。

辻：幼い頃によく服を買ってくれた祖母の影響で、ファッションが好きになりました。小学校にあがる前から英語の勉強を始め、小学5年生でストリートダンスに熱中。エミネムやマルーン5の曲の歌詞を日本語に訳すことが趣味になりました。中学2年生の時にニュージーランドでホームステイを経験し、「将来絶対海外で暮らす」と決意。早稲田大学に進学し、子どもの頃から変わらず興味のあるキーワード3つ【ファッション】【英語】【海外カルチャー】を網羅できる仕事＝インターナショナルモード誌の

編集者しかない！と閃き、新卒採用でハースト婦人画報社に入社しました。

司会者：モード誌で働く、という第一の夢は叶いましたが、世代的な働き方の違い感じますか？

平澤：私たちの世代、ちょっと上は就職氷河期で辛酸なめたり、下になるとゆとり世代とかいわれてますがその間の凪のようで、なんだかんだ真面目で堅実な人が多いですよね。でも逆に全然いい目も見てないです。X世代までは中小出版社でも高給なところがありましたが、高給が切り崩されて契約社員増加。忙しくても給料はあがらず、バブリーなことに全然ありつけてない。以前の会社でも昔は社員旅行でドバイに行ったり、雑誌が売れたら編集部員みんなをシャネルに連れていって、好きなものをひとつ買ってもらえたりしたらしいのに。なので、私たち健気に頑張っているといえます。

高倉：私は平澤さんと同じ世代。働くまで、専業主婦の母しかみていなかったので、モード誌のX世代の方々は、「わ！ こんなにも働いて母でもあって、私の目指すロールモデルがたくさんいる！」と最初は思いました。いまよりは出版が元気な時代を経験されているからか、先輩方はガッツの威力が違うというか。自分はそこまで頑張れないという意味で、働くメンタリティが少し違いそうだなぁという印象です。

辻：エイミーさん世代の先輩方は時代の先陣。仕事と家庭両立の開拓者というイメージで、競争を楽しめる、強くエネルギーのある女性たちという感じです。私はこの時代に生まれていたら、周りの圧に負けてモード編集者を挫折していたかもしれません。高倉さんたちミレニアル世代の先輩方は仕事に対してとことんプロフェッショナルで、同時にプライベートも大事にしつつも、好きなことのためには真摯に身を削れる一生懸命さを感じます。いちばん身近な尊敬できる先輩が多い世代ですが、少し保守的というか、すごい！ おもしろい！と思うような大胆な動きをする方はあまりいない感じです。

司会者：大胆な動きといえば、辻ちゃんはコペンハーゲンに移住して、日本の仕事をしているわけだけど、きっかけは？

辻：思い起こせば2017年。かけ出し新人エディターだった私は、仕事のストレスとプレッシャーで体調を崩しがちでした。とにかく一旦休まなければと、無理やり取った夏休みをコペンハーゲンで過ごすと、みるみるうちに体調がよくなり、「あ、ここ住める」と直感。3ヶ年計画でコペンハーゲン移住を目指すことに。「どうなるかわからないけど編集者なら海外でのリモートワークもきっとできるはず！」という希望的観測のもと2年半ほど仕事と貯金に専念していると、2020年初めにコロナ禍勃発、5月に夫がデンマークの大学院に合格し、9月の入学が決定。当時の上司に移住の件を伝え、「前例はないけどやってみよう」とコペンハーゲンで仕事を続けられる契約を取りつけ、8月に引っ越し。

そこからあっという間に4年が経ちます。

高倉：計画的ですよね！ 若いのにしっかりしてる！

辻：夫が大学院生になることが前提の移住計画だったので、私がコペンハーゲンで仕事を続けることは収入面的にもマスト事項。移住前のモチベーションとしては「ヨーロッパという新しい環境でイチから挑戦してみたい！」というよりも、「お金が必要！！！」という気持ちのほうが正直大きかったです。ライフスタイルの変化の前に入念に準備をしたり、保険をかけたりするあたりは、ミレニアル世代編集者の堅実さに通ずるところがあるかも。

平澤：辻ちゃん世代はSNSも本当の意味で使いこなしてるよね？だからこそ、辻ちゃんだって、編集者とインフルエンサー業を両立できてるわけだし。私たちはSNSのハシリ世代だから、他人と自分を比べて自己肯定感低くなるひとも続出。以前所属していた女性誌で「頑張る教女子」みたいな企画もやったことあるんですが、なんか頑張らないといけない、頑張らないと認められない、自分の満足感もえられない気がする！って人が多いんですよね。この頑張る精神はどこで植えつけられたんだろ？と不思議。

辻：コペンハーゲンで暮らし始めてから、想像以上にさまざまな働き方ができていることに自分でも驚いています。日々の編集業をベースに、北欧各国のファッションウィーク取材、ヨーロッパ内のプレストリップ参加、SNSでのコラボ案件、モデル、スタイ

リング、通訳、コーディネーター、ポップアップストアのプロデュースなどなど。最近ではコペンハーゲンに興味のある日本のブランドと、日本に興味あるコペンハーゲンのブランドの間に立って、双方のコミュニケーションをお手伝いする仕事も行っています。このような働き方の基盤となるスキルや知識、ノウハウは、5年間の編集部勤務で培ったものだと実感。編集者＝裏方というイメージがないのも、コペンハーゲンの好きなところ。ダンス然り、もともと舞台の上でスポットライトを浴びるのが好きな性分なので、表に出たい気持ちを存分に解放して楽しんでいます。

司会者：この対談のお題は仕事と幸せです。ハーバード大学の幸せ研究によると、ひとの幸せは身近なひととの良好な関係にある、ということです。みんなは結婚しているけれど、いちばん身近な夫との関係について教えてください。

高倉：いまの彼とは対等でいられるんですよね。子どものことも、一緒に話して決めていけますし。あと、彼は何事にもニュートラルなんです。金銭的なことは、そこまで期待できないですが、2人でそれなりでいいかなと思っており。その辺、自分の両親とは真逆な考え方かもしれません。自分がちゃんと好きな人と結婚したかったんです！ 理屈じゃないところで許せるというか。

辻：私にとって夫は冒険の相棒です。海外移住も2人だから実現できた。私ができないことをたくさんできるので、頼れるし、尊

敬してます。収入に関しては、自分と同等、同等以上の収入があれば問題ないです。支出は基本すべて割り勘したいので、「〇〇買ってほしい」というような願望はありません。

平澤：夫と結婚するまでは、恋愛においてはハンター気質の私でしたが、初めて毎日毎日好きとかかわいいとかいってくれる男性と付き合って、これ以上私を大事にしてくれる人はいないのでは？と思いました。あと、絶対私のやりたいことの邪魔をしない。同業なので不規則な仕事にも理解がありますし、そこが居心地がよかったですね。あとは顔もタイプだったし、収入もよいかな。

司会者：いまさら聞くまでもないことだけれど、みんなにとって組織での出世とか、あんまり重要ではないんだよね？

辻：そうですね、出世よりも「自分にしかできない仕事や立場」に魅力を感じます！　何はともあれ、心地よいライフスタイル、その次に愛と収入ですかね。夫に愛されていることは、毎日生きる上での基礎エネルギーになってると思います。

高倉：これまでは仕事に集中して、家事やプライベートはおざなりなっていましたが、いまは0歳の娘が最優先。その時々で、自分にとってはいつも「充実しているな」と思うのは、すべて自分の意志で選択してきたからかな。1. 自分で選択できる環境　2. 身近な人との信頼関係 (家族、友人) 3. 自立していられるための仕事があればハッピーです。

平澤：不景気育ちで、先輩方に比べると消費欲が低く、でも環境意識は高い私たち。私たち世代って社会人になった時に、まだ上から厳しくされてた、うっすら業界の潤い感もあった最後の世代だと思うんですよね。私も新卒の頃は、朝方まで上司に飲みに連れていってもらっても、「必ず新人は 9:30 にはデスクに座ってろ」っていわれてやってましたし、ゴミ箱蹴り倒されたりしましたし、頑張り屋で、必死こいてきた先輩たちに育てられた。それが当たり前、って刷り込まれた。でも厳しい一方で 20 代の頃って、上司に青山のバーに連れてってもらったり、新宿 2 丁目行ったり、大人の遊び方みたいなのを教えてもらえてた一面もあり。全部奢ってもらってましたし。なんかいまってそういうのなくなってませんか？ だから厳しさも大変さもあるけど、先輩たちについていけば、楽しいことがある！ おもしろい大人になれる！って当時はそんな時代でした。

司会者：出版不況とコロナ禍、ハラスメント防止コンシャスなどなどで、飲みニケーションもなくなりました。その一方で紙、デジタル、SNS と編集者の仕事は広がり、効率的に粛々と仕事を済ませなければ終わらない。同業の若い世代に夢をみせられてないのかと、ちょっぴり悲しい気持ちです。逆にいちばん年下の辻ちゃんに、夢みせられてるっていうことかな。ここでも本格的に風の時代を感じますね。みなさん、貴重なご意見ありがとう♡

Message...

対談を終えて…
後輩女性へ 10 のメッセージ

世代間交流はお互いに学びがあるものです。
ひとまず年配者としてまとめをしたいところですが、
これからの時代を生きる方々の幸せは多様でありましょう。
それでもあえてリストアップした、後輩女性へ贈る10ヶ条。

1. 自分の好きを形に

経済的な成功を追いかける前に、まずは好きを追求。
そうして自分という人間がみえてきます。
好きがなかなかみつからない場合は、
追いかけているひとを観察したり、応援したり。
エネルギーやインスピレーションを
まずいただきましょう。

2. ここぞ！の勝負ポイントを見逃すな

働き方改革が叫ばれる令和であれ、外せない仕事や
頑張り時って必ずあるのです。一度しかない
引き返せない人生ならば、そこを超えてしかみえない
景色と立てないステージにチャレンジしてみては？
ずっとは無理でも、大切なのはタイミング。
時にはヒールを脱いで走らねば！

3. パートナーとは上下でなく横並び

対等に付き合える相手は心強い味方。
家事や育児を相談しながら、ともに成長する
パートナーシップを目指したい。女性らしさ、
男性らしさを過度に期待せずチームとして生きる。

4. 30代でリスクをとり、40代で刈り取るイメージで

若くして成功するひとをみて焦る必要はない。
とりあえず社会で揉まれる20代、自分なりの挑戦と
責任を意識する30代、精神的もしくは物質的に何かを
摑む40代、人生の後半戦の戦略を練る50代。
なんとなく意識したいのはこんな時間軸。

5. ひとと比べない、同質化を求めない

他人は自分と違って当たり前。
自分のできないこと、新しいことに挑戦する友人の
足は引っ張らず応援して。他人の批評や批判をしたり、
噂話に花を咲かせる前に、まず「私って、どうでしょうか？」
と己を鑑みること。自分の人生を生きる。

6. 視座の合う友人を大切に

時間やお金の使い方の感覚が近しく、
ライフスタイルやキャリアのビジョンを語り合える。
「こんな時にどう考えるだろう？」と率直な意見を
つい聞きたくなる、頼れる友は人生の財産。

7. 仕事、プライベート、本音で語りあえる先輩・後輩を持つ

トピックに応じて、的確なアドバイスをくれる先達陣、新しい時代の
発想がある後輩。世代を超えたネットワークで人生は豊かに。

8. 時代の変化にうまく波乗り

こだわりと固執は似て非なるもの。変化のスピードが
速い現代には、これまでない新しい仕事やチャンスも
日々生まれています。固定観念に縛られず、
自分にフィットする仕事と働き方を考え続けよう。

9. Like a rolling stone.

自分の居場所の最適化。同じ場所に囚われるな。
ずっと同じ場所に居座らず、変化を楽しめるほうが
絶対楽しい。その時に必要なひと、もの、
期間限定の関係もあるので、追いかけずとも
自然と入ってくるものと付き合おう。

10. 子育てを理由に自分を 100% 手放さない

子育てが大変な時期にキャリアの歩みを止めたり、
仕事量を一時的に減らすことがあったとしても、
来たるべき時へ備えよ。本当に手のかかる時期は
期間限定。子ども＝自分ではないことをお忘れなく。

おわりに

10月に子どもたちの修学旅行が1週間あり、夫には「私のことはしばらく忘れてね」といい残し、お尻の時間を気にせず働きました。最初の数日間は書籍の加筆と赤入れ、雑誌や資料を読み返し、何を食べたか、いつ寝たかあまりおぼえていないのです。夢中なことがでてくると、それに集中して寝食を忘れてしまう、あぁ、自分は本来こういう人間であったか、と、若かりし頃が懐かしくなりました。

2009年の出産以来、仕事を続けてはきたものの、私が追いかけていたものは両立と効率であり、仕事へのパッションにはずっと蓋をして自分自身に向き合わなかったのでは？ 失敗やひとがどう思うかを恐れて無難にまとまり、勝負を避けてきたのでは？

そう、私はまだキャリアを完全燃焼しきっていないのです。

50歳を過ぎたいま、モード誌の駒、もしくは足軽としての編集作業は卒業して、本当に自分がよいと思う女性の生き方を伝道師として綴らねば…。Threads開始からしばらくしてフツフツと燃える使命ともいえる気持ちが湧いてきたのは、きっと、変わりたい自分をもう抑えきれなかったからでしょう。
2023年末のプライベートの些細な、でも私にとってはもやっと

した出来事は、いまいる場所と時間の使い方への疑問となり、仕事人としての自分のプライドへの気づきとなりました。
「まっ、いいか！」で流さず、考えてみよう。私が思う本物や本質、幸せ、友人、仕事、家族、書いても書いても終わりのないテーマを追求してみよう。そう心に決めた日から、もやっと、ふわっとを見逃さないように言語化し、興味ある女性の生き様を解体し、今日まで綴ってまいりました。

そんな渦中に発見したことのひとつ。仕事を通じての満足感を知っている人間は、他の何かでそれを埋めることが難しいのです。私にとって趣味は楽しみにしか過ぎず、人生の目標にはなりません。きっと退屈な人間なのでしょう。

「絵美さん、オプラ・ウィンフリーのPodcast聞くといいよ！」。これまた絶妙なタイミングで、友人の麗安ちゃんがおすすめしてくれた回にて、オプラは、「Job is issue of the day（今日こなす作業）」「Work is issue of your life（人生の命題）」と、やっぱり金言をたたみかけてきます。
もしかして、この執筆こそ、Workってやつなのではないかろうか？と自問自答した日。
修学旅行から帰ってきた長女が、「ママ、ママって真帆のアイドル。だって50歳過ぎて、また何かいままでとは違う、他のものになろうとしてるじゃん♡」。お褒めの言葉に泣き笑いした日。

担当編集の鈴木さんが、権之助坂の写真を大量に撮影してきてくれて、「ここから掲載カットを選んでください」といった日。庶民的で変わらない景色をじっと見つめながら、「そっか…いくら最新ハイファッションで気取ってみたところで、日本でモード系って、なにか決まらないサムシングがつきまとうんだよな。権之助坂とハイファッション、そのコントラスト強めの光景がコミカルでもあり、切なくもあったことよ…」と、自分のなかにある時からずっと住んでいる、もうひとりの"呟きちゃん"の存在を改めて認識しました。"呟きちゃん"は権之助坂を夜中にハイヒールで闊歩するむくんだ足元をみつめ、「シュールな状況ですなぁ」、満員電車にパワーショルダージャケットで乗り込む瞬間に、「いやいや、それは迷惑でしょ」、と何かにつけて、気取った私に話しかけてきました。仕事で追いかける世界と実生活が乖離(かいり)する、日本モード誌業界。「許せない！」「負けたくないの！」と上司が叫ぶたびに、私の中ではほら貝が響き、辛い現状をつい歴史上の人物や合戦になぞらえてしまう。それは部下の人権は大してお構いなく、不適切にもほどがある時代に許された、小さな自由だったのかもしれません。

そして令和のいまとなっては、まさに「つわものどもが夢の跡」。平成と令和のコントラストが、おもしろくみえてきました。先達の流した汗と涙は、決して無駄ではありません。同じ業界でも、次世代はもっと軽快に自己実現してくれそうだと思ったの

は、かわいい後輩たちと対談した日。

いい日も悪い日も、日々の投稿を積み重ね、新しい500ワード文学はついに完成😋

ある時から私設担当編集者に任命され、原稿を読みつづけてくれた、マレーシアの門倉奈津子さん、NYの前田佳奈子さん、暴走妻を見て見ぬ振りを続けてくれた夫にもお礼申し上げます。
ありがとう♡

最後になりましたが、亡くなった父は、出かけると必ず本を買ってきてくれるひとでした。雑誌の編集者になったことも喜んでくれたけれど、まさかの娘の書籍出版、生前にお見せすること叶わず無念ではありますが、パパ、たくさん本を買ってくれてありがとう。この一冊は私からパパへプレゼントする初めての本となります。私は編集者として書かねばならないことでなく、書きたいことだけを、私にしか書けないことを、初めて書ききりました。

2024年末
龍淵絵美

SPECIAL THANKS TO

Ai Ishizuka, Akane Chuma,
Akari Yamazaki, Akiko Mori,
Akiko Nakamura, Akinori Ito, Ako Tanaka,
Asako Hashiro, Aya Kato, Ayako Isono,
Chiharu Dodo, Christopher Turnier,
Emi Kameoka, Emi Sugiyama, Emi Kihara,
Fumina Tsuji, Haruhisa Shirayama,
Haruko Kayajima, Hiroko Okawa,
Hiromi Sogo, Hiromitsu Ishii,
Ikuko Watanabe, Jasmine Nicolas,
Kanako Maeda, Kaori Tsukamoto,
Karin Ohira, Kayoko Hirao,
Keiko Niiyama, Kozue Hirasawa,
Kyoko Hasegawa, Mana Hashimoto,
Megumi Senoo, Mika Nagasawa,
Mikiko Endo, Mina Bessho, Minako Honda,
Muneyuki Tsubota, Naho Atsumi,
Naoko Okusa, Naoko Shiina, Natsu Suzuki,
Natsuko Harada, Natsuko Kadokura, Noe Okamoto,
Norie Kim, Osamu Yokonami, Pierre Hardy,
Rena Miura, Rena Semba, Rie Kuroiwa,
Rina Matsunuma, Sadae Sasaki,
Shinsuke Kawahara, Shiho, Shoko Shibusawa,
Takako Araki, Takeshi Komatsu,
Thakoon Panichgul, Tomoe Takeuchi,
Yoshifumi Aoki, Yuki Matsuyama,
Yuko Oshima, Yukino Takakura,

And my family.

My Style
＃私のスタイル 2024年夏

2024年夏のスタイル。 **A.** サングラス…ボッテガ ヴェネタ **B.** ジャケット…ザ ロウ
C. コンビネゾン…ザラ **D.** バッグ…メゾン マルジェラ

※本書はMetaが運営するプラットフォーム『Threads』上で著者・龍淵絵美が投稿した連載「♯モード編集者日記」(2023年11月19日〜2024年11月14日)の内容に、大幅な加筆、修正、書き下ろしを加え、再構成したものです。

※参考文献／『氷川清話』勝海舟　江藤淳・松浦玲 編　講談社学術文庫

ファッションエディターだって風呂に入りたくない夜もある

2025年3月10日　第1刷発行

著　者　　龍淵絵美
発行者　　岩瀬 朗
発行所　　株式会社 集英社インターナショナル
　　　　　〒101-0064
　　　　　東京都千代田区神田猿楽町1-5-18
　　　　　電話　03-5211-2632

発売所　　株式会社 集英社
　　　　　〒101-8050
　　　　　東京都千代田区一ツ橋2-5-10
　　　　　電話　03-3230-6080（読者係）
　　　　　　　　03-3230-6393（販売部）書店専用

印刷所　　TOPPAN株式会社
製本所　　株式会社ブックアート

STAFF　　アートディレクション・装幀：石井洋光　撮影：伊藤彰紀
　　　　　スタイリング：仙波レナ　ヘアメイク：佐々木貞江

定価はカバーに表示してあります。
造本には十分注意しておりますが、印刷・製本など製造上の不備がありましたら、お手数ですが集英社「読者係」までご連絡ください。古書店、フリマアプリ、オークションサイト等で入手されたものは対応いたしかねますのでご了承ください。なお、本書の一部あるいは全部を無断で複写・複製することは、法律で認められた場合を除き、著作権の侵害となります。また、業者など、読者本人以外による本書のデジタル化は、いかなる場合でも一切認められませんのでご注意ください。

©2025 Tatsubuchi Emi　Printed in Japan
ISBN978-4-7976-7460-6　C0095